IFRS 11 Joint Arrangements:
Darstellung, kritische Würdigung anhand von comment letters &
Analyse der Auswirkungen auf die Unternehmensbonität

Schriftenreihe der MEYER STIFTUNG

Herausgegeben von
Prof. Dr. Claus Meyer

Band 11

Fatma Ünal

IFRS 11 Joint Arrangements

Darstellung, kritische Würdigung anhand von comment letters & Analyse der Auswirkungen auf die Unternehmensbonität

Verlag Wissenschaft & Praxis

Bibliografische Information der Deutschen Nationalbibliothek
Die Deutsche Nationalbibliothek verzeichnet diese Publikation in der Deutschen Nationalbibliografie; detaillierte bibliografische Daten sind im Internet über http://dnb.dnb.de abrufbar.

ISBN 978-3-89673-660-4

Tel. +49 7045 930093 Fax +49 7045 930094
verlagwp@t-online.de www.verlagwp.de

Druck und Bindung: Esser printSolutions GmbH, Bretten

Geleitwort

Die Claus und Brigitte Meyer-Stiftung lobt den Thomas-Gulden-Preis zur Erinnerung an den im Alter von 25 Jahren an einer unheilbaren Krankheit verstorbenen ehemaligen Studenten Thomas Gulden für besondere Leistungen aus.

Zum Ende des Sommer-Semesters 2005 wurde der Preis erstmals verliehen. Im Sommer-Semester 2013 wird Frau Fatma Ünal (Masterstudiengang Controlling, Finance and Accounting) für ihre herausragenden Studienleistungen („mit Auszeichnung bestanden") und besonders für ihre exzellente Masterthesis der Thomas-Gulden-Preis zuerkannt.

Die Claus und Brigitte Meyer-Stiftung veröffentlicht die Arbeiten der Preisträger in der Schriftenreihe der MEYER STIFTUNG. Die wissenschaftlich fundierte Masterthesis von Frau Fatma Ünal beschäftigt sich mit dem Thema „IFRS 11 Joint Arrangements: Darstellung, kritische Würdigung anhand von comment letters & Analyse der Auswirkungen auf die Unternehmensbonität". Sie untersucht die neuen Regelungen kritisch anhand der Auswertung der Stellungnahmen (comment letters) und setzt sich dabei besonders auch mit den differenzierten Meinungen in der Literatur hierzu auseinander. Auf der Basis des Ratingsystems der UniCredit Bank AG (HypoVereinsbank) werden die möglichen Auswirkungen auf die Bonitätseinstufung von Unternehmen analysiert.

Frau Prof. Dr. Ulrike Eidel betreute diese Masterthesis. Ihre Begleitung und Beratung haben wesentlich zum Gelingen beigetragen.

Für die großzügige Unterstützung bei der Herausgabe der Schriftenreihe bedanken wir uns herzlich bei Frau Neugebauer und Herrn Dr. Brauner vom Verlag Wissenschaft und Praxis.

Stuttgart, im August 2013

Prof. Dr. Claus Meyer

MEYER STIFTUNG

Die Claus und Brigitte Meyer-Stiftung ist eine rechtsfähige und gemeinnützige Stiftung bürgerlichen Rechts mit Sitz in Stuttgart, die am 21. April 2005 vom Regierungspräsidium Stuttgart als Stiftungsbehörde anerkannt wurde. Der Zweck der Stiftung wird verwirklicht durch die Förderung von Wissenschaft und Forschung, der Bildung und Erziehung und der Unterstützung bedürftiger Studierender der Hochschule Pforzheim; in Ausnahmefällen auch anderer Hochschulen. Er wird insbesondere realisiert durch

- die Vergabe von Zuschüssen und Ähnlichem an Studierende, insbesondere in Not geratene, zur Fortsetzung und erfolgreichem Abschluss ihres Studiums.

- die Verleihung des Thomas-Gulden-Preises für hervorragende Studienleistungen und/oder eine ausgezeichnete Bachelor/Masterthesis aus dem Gebiet der Betriebswirtschaftslehre, insbesondere des Controlling, Finanz- und Rechnungswesen an einen oder mehrere Studierende.

Thomas Gulden wurde am 15. März 1978 geboren. Er studierte an der Hochschule Pforzheim im Studiengang Betriebswirtschaft/Controlling, Finanz- und Rechnungswesen und schloss mit der Gesamtnote „sehr gut“ ab. Aufgrund einer angeborenen und fortschreitenden Muskelerkrankung saß Thomas Gulden seit seinem 10. Lebensjahr im Rollstuhl. Er verstarb am 11. April 2003 an der tödlichen Erkrankung, deren Verlauf er kannte. Posthum wurde Thomas Gulden für seine herausragende und der Note 1,0 bewerteten Diplomarbeit mit einem Förderpreis ausgezeichnet. Seinem Wunsch entsprechend wurden mit diesem Preis, wie mit seinem gesamten Vermögen, humanitäre Organisationen unterstützt.

Claus und Brigitte Meyer-Stiftung

Adresse: Bernsteinstr. 102, 70619 Stuttgart

Telefon: 0711/4411488

E-Mail: claus.meyer@meyer-stiftung.de

Internet: www.meyer-stiftung.de

Konto: Baden-Württembergische Bank, Nr. 498 04 94,
BLZ: 600 501 01

Sparkasse Pforzheim Calw, Nr. 76 70 230,
BLZ: 666 500 85

Volksbank Pforzheim, Nr. 27 04 421,
BLZ: 666 900 00

Vorwort

Die vorliegende Arbeit wurde als Masterthesis zur Erlangung des akademischen Grades Master of Arts (M.A.) in Controlling, Finance and Accounting an der Hochschule Pforzheim im Februar 2013 eingereicht und mit der Note *sehr gut* (1,0) bewertet.

Im Rahmen der Vergabe des Thomas-Gulden-Preises wird die Arbeit als Band 11 der Schriftenreihe der MEYER STIFTUNG veröffentlicht und wurde aus diesem Grund im Juli 2013 überarbeitet.

An erster Stelle möchte ich mich bei der MEYER STIFTUNG bedanken, welche die Publikation ermöglicht sowie finanziert. Des Weiteren erfolgte die Optimierung der Arbeit mit der persönlichen Unterstützung von Frau Petra Neugebauer (Verlag Wissenschaft & Praxis) und Prof. Dr. Claus Meyer, wofür ich mich hier an dieser Stelle herzlich bedanke.

Weiterhin muss die Kooperation der UniCredit Bank AG (Stuttgart) dankend erwähnt werden. Die Anwendung der bankinternen Ratingsoftware ermöglichte die empirische Untersuchung innerhalb dieser Arbeit.

Abschließend gilt mein besonderer Dank allen Beteiligten, welche mich während der Erstellung der Arbeit unterstützt haben. Dazu gehören meine Familie und Freunde sowie Professoren bzw. Professorinnen.

Die Arbeit widme ich meiner Schwester Mihriban, die zu Beginn meines Masterstudiums nach einem längeren Kampf mit 28 Jahren an Krebs verstorben ist.

Heilbronn, im August 2013

Fatma Ünal

Inhaltsverzeichnis

Abbildungsverzeichnis

Tabellenverzeichnis

Abkürzungsverzeichnis

App.	Appendix
ARC	Accounting Regulatory Committee
ARGE	Arbeitsgemeinschaft
BC	Basis for Conclusions
BKL	Bonitätsklasse
CL	comment letter(s)
EBITDA	earnings before interests, taxes, depreciation and amortisation
ED	Exposure Draft
EFRAG	European Financial Reporting Advisory Group
FER	Fachempfehlungen zur Rechnungslegung
GE	Geldeinheiten
GuV	Gewinn- und Verlustrechnung
HGB	Handelsgesetzbuch
IAS	International Accounting Standard(s)
IASB	International Accounting Standards Board
IFRIC	International Financial Reporting Interpretations Committee
IFRS	International Financial Reporting Standard(s)
IRB	Internal Ratings-Based
IRBA	Internal Ratings-Based Advanced
JA	joint arrangement(s)
JCA	jointly controlled asset(s)
JCE	jointly controlled entity/entities
JCO	jointly controlled operation(s)
JO	joint operation(s)
JV	joint venture(s)

LGD	loss given default
L&L	Lieferungen und Leistungen
MEUR	Million Euro
PD	probability of default
SARG	Standards Advice Review Group
SIC	Standing Interpretations Committee
TEUR	Tausend Euro
US GAAP	United States Generally Accepted Accounting Principles
WACC	weighted average cost of capital
WEK	wirtschaftliches Eigenkapital

1 EINLEITUNG

1.1 Problemstellung und Zielsetzung der Arbeit

„Eine Abschaffung der Möglichkeit zur Quotenkonsolidierung hätte erhebliche Auswirkungen auf die Darstellung der Vermögens-, Finanz- und Ertragslage im Konzernabschluss. Zentrale Vermögens-, Kapital- und Erfolgsstrukturkennzahlen differieren erheblich bei Anwendung der Quotenkonsolidierung im Vergleich zur Equity-Methode."[1]

Das Auftaktzitat stammt aus dem Jahr 2006 und thematisiert die mögliche Abschaffung der Quotenkonsolidierung. Fünf Jahre später wurde mit der Publizierung des *IFRS 11 Joint Arrangements* am 12. Mai 2011[2] das Bilanzierungswahlrecht tatsächlich eliminiert. Der neue Standard ersetzt *IAS 31 Joint Ventures* und *SIC-13 Jointly Controlled Entities – Non-Monetary Contributions by Venturers.*[3] Die Anwendung von IAS/IFRS[4] ist für die Mitgliedstaaten der Europäischen Union verpflichtend, wenn sie durch die Europäische Kommission anhand eines Übernahmeverfahrens (Endorsement-Verfahren[5]) umgesetzt werden.[6] Mit der aktuellen Veröffentlichung der Verordnung zur Übernahme dieses Standards am 29. Dezember 2012 im *Amtsblatt der Europäischen Union* ist das Endorsement-Verfahren[7] abgeschlossen.[8] IFRS 11 ist in der EU ab dem 1. Januar 2014 obligatorisch anzuwenden. Eine frühere Anwendung ab dem 1. Januar 2013 gemäß der Festsetzung des IASB ist gestattet.[9] Die Übernahme hat somit zur Folge, dass auch kapitalmarktorientierte Mutterunternehmen in Deutschland von den Auswirkungen des IFRS 11 betroffen sein werden.[10]

---

1 Schmidt/Labrenz (2006), S. 474.

2 Vgl. IASB (URL1).

3 Vgl. IFRS 11.IN2.

4 Nachfolgend wird aus Vereinfachungsgründen lediglich von IFRS gesprochen.

5 Auf das Endorsement-Verfahren wird hier nicht näher eingegangen. Für ausführliche Informationen vgl. Buchheim/Knorr/Schmidt (2008a) und (2008b); Oversberg (2007).

6 Vgl. Buchheim/Knorr/Schmidt (2008b), S. 373.

7 Anlage 1 beinhaltet allgemeine Informationen sowie weitere Angaben zum Ablauf des Übernahmeverfahrens bzgl. IFRS 11.

8 Vgl. Verordnung (EU) Nr. 1254/2012 der Kommission.

9 Vgl. Verordnung (EU) Nr. 1254/2012 der Kommission, Artikel 2.

10 In Deutschland bilanzieren gemäß § 315a Abs. 1 HGB und Artikel 4 der Verordnung (EG) Nr. 1606/2002 des Europäischen Parlaments und des Rates vom 19. Juli 2002 kapitalmarktorientierte Mutterunternehmen nach den internationalen Rechnungslegungsvorschriften und erstellen einen IFRS-Konzernabschluss, wenn sie gemäß den Vorschriften des HGB zum Erstellen eines Konzernab-

Die Abschaffung der Quotenkonsolidierung zur Bilanzierung von *joint ventures*[11] „gilt als die wohl umstrittenste Änderung des IFRS 11“[12]. Die Auswirkungen aus der verpflichtenden Anwendung der Equity-Methode auf die Abschlusskennzahlen werden ausführlich von SCHMIDT/LABRENZ anhand eines Fallbeispiels betrachtet. Sie ziehen u. a. die Eigenkapitalquote heran und stellen fest, dass diese bei Anwendung der Equity-Methode im Vergleich zur Quotenkonsolidierung höher ausfällt.[13] DITTMAR/GRAUPE behaupten, dass es durch die Umstellung auf die Equity-Methode „nicht selten zu verschlechterten EBIT- bzw. EBITDA-basierten Kennzahlen kommen“[14] wird.

ANDERS diskutiert strittige Fragen der IFRS-Konsolidierung und stellt fest, dass unterschiedliche Alternativen auch verschiedene Auswirkungen auf Kennzahlen haben und somit auch die Rating-Einstufung beeinflussen.[15] In einer weiteren Untersuchung halten HANE/KREIPL/MÜLLER fest, dass Kreditkonditionen und das Rating für einen IFRS-Anwender wichtiger sind als für einen IFRS-Ablehner.[16] Zudem wird von diesen Autoren angeführt, dass bei der Kreditvergabe das Rating nach Basel II im Mittelpunkt steht[17] und unter Beachtung der strengeren Regelungen gemäß Basel III dieser Aspekt noch aktueller ist sowie die „Relevanz eines guten Ratings“[18] in diesem Zusammenhang „kurzfristig noch weiter zunehmen dürfte“[19]. SCHMIDT/LABRENZ äußern im Rahmen ihrer Fallstudie, dass unter Beachtung des Ratings die Equity-Methode zweckmäßiger ist, wenn Schulden außerhalb der Bilanz gehalten werden sollen.[20] Im Gegensatz hierzu führen LABRENZ ET AL. das Motiv der verbesserten Darstellung von gewissen Konzernbilanzkennzahlen für die Anwendung der Quotenkonsolidierung auf.[21] Auf Grundlage solcher Kennzahlen wird regelmäßig die Unternehmensbonität mit

---

schlusses verpflichtet sind. Auch Muttergesellschaften, die nicht unter diese Pflicht fallen, dürfen ihren Konzernabschluss gemäß den IFRS aufstellen, vgl. § 315a Abs. 2 HGB.

11 Der Begriff *joint venture(s)* wird alleinstehend regelmäßig in seiner Bedeutung gemäß IFRS 11 gebraucht. Diese Ausarbeitung verwendet die Veröffentlichungen in der Originalausgabe (englische Sprache), sodass die Bezeichnungen beibehalten werden. In Kapitel 2.1 und in Verbindung mit IAS 31 wird der Begriff *joint venture(s)* stets in seiner Bedeutung nach IAS 31 angewandt. Einen Überblick zur alten und neuen Terminologie, sowie den englischen und den entsprechenden deutschen Begriffen, gibt Abbildung 2.

12 Bader/Preusche (2011), S. 252.

13 Vgl. Schmidt/Labrenz (2006), S. 472.

14 Dittmar/Graupe (2012), S. 408.

15 Vgl. Anders (2011), S. 39. Kapitel 5 beinhaltet neben einer Definition auch die Grundlagen des Ratings.

16 Vgl. Hane/Kreipl/Müller (2011), S. 121.

17 Vgl. Hane/Kreipl/Müller (2011), S. 122.

18 Hane/Kreipl/Müller (2011), S. 122.

19 Hane/Kreipl/Müller (2011), S. 122.

20 Vgl. Schmidt/Labrenz (2006), S. 472.

21 Vgl. Labrenz et al. (2008), S. 187.

Hilfe eines Ratings ermittelt. Eine Analyse bzgl. der Auswirkungen des IFRS 11 auf das Rating ist in der vorherrschenden Literatur bisher nicht vorhanden.

Hieraus leiten sich für diese Ausarbeitung folgende Ziele ab: Nach einer Darstellung der Inhalte des IFRS 11 folgt die kritische Würdigung dieser Inhalte anhand einer quantitativen und qualitativen Auswertung von *comment letters*. Im nächsten Schritt soll die existierende Literatur um eine Analyse der Auswirkungen auf die Bonität eines Unternehmens ergänzt werden. Das Ziel besteht demnach in der Untersuchung der Kennzahlenveränderung und den damit verbundenen Konsequenzen auf das Rating des Konzernabschlusses. Ergänzend wird der mögliche Einfluss auf die Kapitalkosten betrachtet. Die Messung der positiven oder negativen Auswirkung auf die Jahresabschlussbonität erfolgt anhand des Ratingsystems der UniCredit Bank AG (Markenname HypoVereinsbank; HVB).[22]

1.2 Gang der Untersuchung

Zu Beginn werden im zweiten Kapitel die notwendigen Grundlagen und Begrifflichkeiten erläutert. Die Entwicklung vom IAS 31 zum IFRS 11 wird dargestellt, indem zunächst ein Überblick zu IAS 31 gegeben wird. Es folgen eine Betrachtung der Überarbeitungsgründe und abschließend die zusammenfassende Darstellung des IFRS 11. Ergänzend werden die grundlegenden Unterschiede vergleichend gegenübergestellt.

Das dritte Kapitel legt den theoretischen Grundbaustein für die nachfolgenden Untersuchungen, indem es den Inhalt des IFRS 11 anhand der Klassifizierung eines *joint arrangement*, der Einstufung als *joint operation* oder als *joint venture* und die Bilanzierung dieser Formen erläutert. Daneben werden in diesem Kapitel die relevanten Bilanzierungsmethoden Quotenkonsolidierung (*proportionate consolidation*), Equity-Methode (*equity method*) sowie die quotale Einbeziehung dargestellt.

Im anschließenden vierten Kapitel folgt die kritische Würdigung des IFRS 11 anhand der Analyse von *comment letters*, die aufgrund der Veröffentlichung des *Exposure Draft* 9 (ED 9) beim IASB eingegangen sind. Nach einer Ableitung der Vorgehensweise aus methodisch vergleichbaren Studien werden die vorwiegend quantitativen Ergebnisse dargestellt und qualitativ analysiert. Nach der Auswertung erfolgt eine zusammenfassende kritische Würdigung bzgl. der Verlässlichkeit der erlangten Ergebnisse.

Die Grundlagen für die Fallstudie werden im fünften Kapitel gelegt. Einleitend werden die Wirkungszusammenhänge zwischen den Kennzahlen, dem Rating

22 In Kapitel 5.1.3 werden das Unternehmen und das angewandte Rating beschrieben.

und den Kapitalkosten erläutert. Nach der allgemeinen Einführung zum Rating und dessen Bedeutung werden das Kooperationsunternehmen HVB und das dort angewandte Rating beschrieben. Auf dieses Modell aufbauend wird die Auswahl der relevanten Kennzahlen dargestellt, die das Rating der HVB hauptsächlich beeinflussen.

Das sechste Kapitel beinhaltet die Fallstudie. Nachdem zunächst die Ausgangssituation geschildert wird, erfolgt die Aufstellung des Konzernabschlusses anhand der Quotenkonsolidierung sowie der Equity-Methode. Daraufhin werden die Kennzahlen und die Ratings (unterteilt in die verschiedenen Ratingmodelle der HVB[23]) gegenübergestellt. Nach Feststellung der quantitativen Veränderungen im Ratingbereich schließt die Diskussion der Auswirkungen auf den Gesamtkapitalkostensatz an. Die Arbeit endet mit dem Fazit im siebten Kapitel.

23 Vgl. Kapitel 6.2.2.1 bis 6.2.2.4.

2 THEORETISCHE GRUNDLAGEN – VON IAS 31 ZU IFRS 11

2.1 Kurzüberblick IAS 31

2.1.1 Vorbemerkungen und joint control

IAS 31 regelt den Umgang mit Anteilen an *joint ventures* und unterteilt diese in drei Formen: *jointly controlled operations* (IAS 31.13-17), *jointly controlled assets* (IAS 31.18-23) und *jointly controlled entities* (IAS 31.24-29).[24] Diese Ausgestaltungsformen weisen stets zwei gemeinsame Merkmale auf. Gemäß IAS 31.7 (a) sind zwei oder mehr *venturers*[25] durch eine vertragliche Vereinbarung gebunden. Diese vertragliche Basis muss ein *joint control* begründen.[26]

Joint control ergibt sich, wenn zwei oder mehrere Parteien durch eine vertraglich vereinbarte Aufteilung die gemeinsame Kontrolle über eine wirtschaftliche Tätigkeit aufweisen und diese *venturers* einstimmig (*unanimous consent*) den strategischen finanziellen und operativen Entscheidungen zustimmen müssen.[27] Die vertragliche Einigung kann unterschiedlich ausgestaltet sein und muss nicht schriftlich erfolgen.[28] IAS 31.10 führt hier bspw. eine vertragliche Fixierung oder auch ein Protokoll, aus dem die gemeinsame Kontrolle hervorgeht, auf. Eine Vereinbarung in der Satzung des *joint venture* ist ebenso möglich.[29]

2.1.2 Jointly controlled operations

Eine *jointly controlled operation* (JCO) ergibt sich, wenn die *venturers* eigene Vermögenswerte und andere Ressourcen einsetzen, anstatt eine Kapitalgesellschaft, Personengesellschaft oder andere Gesellschaft zu gründen oder auch, wenn keine eigene Vermögens- und Finanzstruktur (*financial structure*) aufgewiesen werden kann.[30] Die *venturers* verursachen demnach eigene Aufwendungen und nehmen erforderliche Finanzmittel selbst auf. Die vertragliche Grundlage regelt u. a. wie Umsatzerlöse aus dem Verkauf des gemeinsamen Produkts

---

24 Vgl. IAS 31.7.

25 Ein *venturer* ist eine Partei in einem *joint venture* nach IAS 31 und weist ein *joint control* über dieses auf, vgl. IAS 31.3.

26 Vgl. IAS 31.7 (b).

27 Vgl. IAS 31.3.

28 Vgl. IAS 31.10.

29 Vgl. IAS 31.10.

30 Vgl. IAS 31.13.

oder gemeinschaftlich entstehende Aufwendungen aufzuteilen sind.[31] Der *venturer* nimmt in seinen Abschluss die Vermögenswerte auf, die in seiner Verfügungsgewalt stehen, sowie die Schulden, die er selbst eingegangen ist. Weiterhin enthält die Gewinn- und Verlustrechnung (GuV) die getätigten Aufwendungen und die anteilig zufallenden Erträge aus den Leistungen der JCO.[32] Hieraus ergibt sich, wie auch in IAS 31.16 verankert, dass keine weiteren Anpassungen oder Konsolidierungsverfahren bei der Erstellung eines Konzernabschlusses in Bezug auf JCO notwendig sind.

2.1.3 Jointly controlled assets

Jointly controlled assets (JCA) sind *joint ventures,* bei denen die *venturers* Vermögenswerte gemeinsam besitzen und gemeinschaftlich führen. Diese Vermögenswerte werden für den Nutzen der *venturers* eingesetzt. Jeder *venturer* erhält seinen Anteil an den mit diesen Vermögenswerten erbrachten Leistungen. Die Aufwendungen werden nach vereinbarten Anteilen aufgeteilt.[33] Solche *joint ventures* weisen keine separate Struktur in Form einer Kapitalgesellschaft, Personengesellschaft und anderer Gesellschaft oder auch keine eigenständige Vermögens- und Finanzstruktur auf. Die *venturers* beherrschen über ihren Anteil an den Vermögenswerten den künftigen wirtschaftlichen Erfolg des JCA.[34] In den Abschluss des *venturer* wird sein Anteil an dem JCA aufgenommen. Dieser Anteil wird nicht als Finanzinvestition aufgeführt, sondern nach seiner Art eingestuft (z. B. wird eine Ölpipeline als Sachanlage bilanziert). Zudem werden die im eigenen Namen aufgenommenen Schulden, die anteiligen Schulden, die gemeinsam mit anderen *venturers* eingegangen werden, jegliche anteilige Erlöse aus dem Verkauf oder der Nutzung der vom JCA erbrachten Leistungen, die anteiligen Aufwendungen sowie seine eigenen Aufwendungen bzgl. des JCA angesetzt.[35] Konsequenterweise müssen auch bei einem JCA keine weiteren Anpassungen oder Konsolidierungsverfahren bei der Erstellung eines Konzernabschlusses vorgenommen werden.[36]

---

31 Vgl. IAS 31.13.

32 Vgl. IAS 31.15.

33 Vgl. IAS 31.18.

34 Vgl. IAS 31.19.

35 Vgl. IAS 31.21 i. V. m. IAS 31.22.

36 Vgl. IAS 31.22.

2.1.4 Jointly controlled entities

Eine *jointly controlled entity* (JCE) weist eine Struktur in Form einer Kapitalgesellschaft, Personengesellschaft oder einer anderen rechtlichen Einheit auf. Das Unternehmen gleicht anderen Unternehmen, mit der Ausnahme, dass in der vertraglichen Vereinbarung zwischen den Parteien ein *joint control* über die wirtschaftlichen Aktivitäten vereinbart ist.[37] Eine JCE besitzt und beherrscht ihre eigenen Vermögenswerte, geht Verbindlichkeiten ein, trägt die Aufwendungen und erzielt eigene Erträge. Jeder *venturer* hat ein Recht auf einen Anteil an dem Ergebnis der JCE.[38] IAS 31.27 räumt ein, dass einige JCE der Substanz nach einer JCO oder einem JCA ähneln.[39] Eine JCE wird entweder anhand der Quotenkonsolidierung oder anhand der Equity-Methode in den Konzernabschluss einbezogen.[40] Beide Methoden und auch die quotale Einbeziehung der JCO und JCA werden in Kapitel 3.4 näher erläutert und diskutiert.

2.2 Überarbeitung des IAS 31

2.2.1 Allgemeines und Ziel der Überarbeitung

Die Überarbeitung des IAS 31 stellt einen Teil des *Short-term Convergence*-Projekts dar, welches dazu dient, kurzfristig Bilanzierungsunterschiede zwischen den Regelungen von IFRS und US GAAP zu reduzieren.[41] Das Projekt *joint ventures* wurde vom IASB selbst eingeleitet. Das Ziel ist eine verbesserte Berichterstattung für Sachverhalte, die unter IAS 31 fallen.[42] Der *ED 9 Joint Arrangements* wurde im September 2007 zusammen mit der *Basis for Conclusions on ED 9* und den *Draft Illustrative Examples* veröffentlicht.[43] Die Veröffentlichung *Basis for Conclusions* stellt hier die Probleme mit dem IAS 31 dar und erläutert die Gründe für die vorgenommenen Änderungen. Hauptsächlich beschäftigt sich ED 9 zum einen mit der Tatsache, dass die Bilanzierung eines *joint venture*

---

37 Vgl. IAS 31.24.

38 Vgl. IAS 31.25.

39 An dieser Stelle wird deutlich, dass ein Abstellen auf die Rechtsform bei der Klassifizierung evtl. nicht immer den wirtschaftlichen Gehalt der gemeinschaftlichen Tätigkeit wiedergibt. Dieser Aspekt wird in Kapitel 2.2.2.1 (Rechtsformabhängigkeit) erneut aufgegriffen.

40 Vgl. IAS 31.30 i. V. m. IAS 31.38.

41 Vgl. ED 9.BC2; IFRS 11.BC2.

42 Vgl. ED 9.BC3.

43 Vgl. IASB (2007a) für *ED 9 Joint Arrangements*; IASB (2007b) für *Basis for Conclusions on ED 9* und IASB (2007c) für *Draft Illustrative Examples ED 9*.

bisher rechtsformabhängig erfolgt und zum anderen mit dem eingeräumten Wahlrecht für die Bilanzierung einer JCE.[44]

2.2.2 Gründe für die Überarbeitung

2.2.2.1 Rechtsformabhängigkeit

Bereits in IAS 31.27 wird erwähnt, dass einige JCE der Substanz nach einer JCO oder einem JCA ähneln. Das Board beschreibt in ED 9.BC10 diese Möglichkeit und räumt ein, dass folglich die Parteien auch die Beherrschung über die Vermögenswerte und Verpflichtungen aus dem *joint arrangement* haben. Konsequenterweise sollten diese Vermögenswerte und Schulden im Abschluss der Partei aufgenommen werden. Nach IAS 31 ist dies jedoch nicht der Fall, da der Standard hier auf die Rechtsform abstellt und nicht auf den wirtschaftlichen Gehalt der gemeinsamen Tätigkeit.[45] Das IASB kommt zu dem Ergebnis, dass bei Rechten an den Vermögenswerten und Pflichten aus den Schulden ein Nettoausweis der Beteiligung (z. B. im Rahmen der Equity-Methode) nicht geeignet ist.[46] Aus diesem Grund wird das Prüfschema zur Unterscheidung zwischen einer JCE, JCO und einem JCA grundlegend verändert. Die Rechtsform stellt in der neuen Form nur einen Teil der Klassifizierung dar, aber nicht mehr den entscheidenden Faktor.[47]

2.2.2.2 Wahlrecht zur Bilanzierung von JCE

In ED 9.BC7 wird erläutert, dass sich das Board für eine Abschaffung von Wahlrechten ausspricht, sofern dies möglich ist. Wahlrechte können dazu führen, dass ähnliche Fälle unterschiedlich bilanziert werden und somit die Vergleichbarkeit eingeschränkt ist. Das existierende Wahlrecht für die Bilanzierung der JCE wird kritisch eingestuft. Die Problematik liegt in der Verwendung der Quotenkonsolidierung und des damit verbundenen anteiligen Ausweises der Vermögenswerte und Schulden.[48] Das Board ist der Auffassung, dass bei einer JCE die beteiligten Parteien vielmehr eine Beherrschung über ihre Beteiligung aufweisen als über die einzelnen Vermögenswerte und auch keine gegenwärtige Verpflichtung für die Schulden der JCE haben.[49] Es kommt zu dem Ergebnis, dass beim Einsatz der Quotenkonsolidierung die *venturers* Vermögenswerte und Schulden ausweisen, die nicht in ihrer Verfügungsgewalt stehen. Folglich erfüllen diese

---

44 Vgl. ED 9.BC3; ED 9.BC5.

45 Vgl. ED 9.BC10.

46 Vgl. ED 9.BC11.

47 Vgl. Kapitel 3.2.

48 Vgl. ED 9.BC8.

49 Vgl. ED 9.BC8.

Komponenten nicht die Definition des *Framework.* Gemäß Paragraph 49 des *Framework* stellt ein Vermögenswert eine Ressource dar, die in der Verfügungsgewalt des Unternehmens steht. Eine Schuld hingegen ist eine gegenwärtige Verpflichtung des Unternehmens.[50] Aus diesem Grund wird mit IFRS 11 die Quotenkonsolidierung für *joint ventures* abgeschafft. Der Informationsverlust, der durch den Nettoausweis entsteht, soll anhand erweiterter Angaben (*disclosure*) ausgeglichen werden.[51]

2.2.3 Zusammenfassung

Zusammenfassend ist das Board der Meinung, dass der Nutzen für die Berichterstattung die Kosten der Umstellung übersteigen wird. Hierzu führt es drei Aspekte auf: Die Unternehmen werden künftig nur die Vermögenswerte ausweisen, die auch wirklich in ihrer Verfügungsmacht stehen sowie Schulden, die eine gegenwärtige Verpflichtung darstellen. Außerdem wird das vorhandene Wahlrecht abgeschafft, wodurch die Vergleichbarkeit verbessert wird. Der dritte Aspekt ist die Annäherung an US GAAP, welche grundsätzlich die Equity-Methode für die Bilanzierung von JCE vorschreiben.[52]

---

50 Vgl. ED 9.BC8 f. i. V. m. Framework 49. Beispielsweise wird bei der Quotenkonsolidierung der Barbestand der JCE anteilig übernommen, während jedoch die Rechte des *venturer* eingeschränkt sind und er über diesen Bestand nicht jederzeit verfügen kann, vgl. ED 9.BC9.

51 Vgl. ED 9.BC13. Die Angabepflichten sind in *IFRS 12 Disclosure of Interests in Other Entities* enthalten, vgl. IFRS 11.BC4 sowie IFRS 12. Der IFRS 12 wird in dieser Ausarbeitung nicht näher betrachtet. Mit der Veröffentlichung der Verordnung (EU) Nr. 1254/2012 der Kommission ist IFRS 12 in deutscher Sprache öffentlich zugänglich, vgl. Verordnung (EU) Nr. 1254/2012 der Kommission, S. 360/56-360/67.

52 Vgl. ED 9.BC24.

2.3 Aufbau IFRS 11 und Änderungen im Überblick

Mit der Veröffentlichung des ED 9 startete das *joint venture* Projekt des IASB zur Überarbeitung des IAS 31, und es endete mit der Veröffentlichung des Standards IFRS 11.[53] Der Standard ist für alle Geschäftsjahre, die am oder nach dem 1. Januar 2013 beginnen, anzuwenden.[54] Eine Zusammenfassung gibt Abbildung 1.

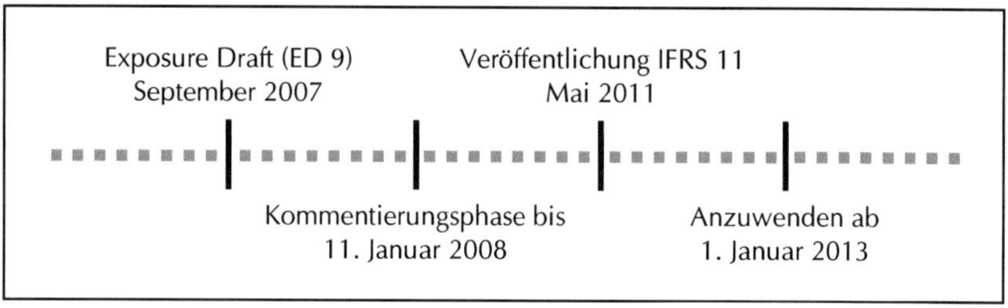

Abbildung 1: Meilensteine des joint venture-Projekts

In Anlehnung an IASB (URL2).

In Kapitel 2.1 wurden bereits die Hauptaspekte des IAS 31 dargestellt. Während hier der Oberbegriff *joint ventures* ist, weicht der IFRS 11 davon ab und stellt *joint arrangements* als neuen Begriff vor. *Joint ventures* werden nur noch als ein Teil von *joint arrangements* betrachtet. Die Unterscheidung erfolgt gemäß IFRS 11 nicht mehr in drei Formen, sondern lediglich in zwei. *Joint arrangements* werden entweder als *joint operation* oder als *joint venture* eingestuft,[55] während der ED 9 noch eine Unterscheidung in *joint operations, joint assets* und *joint ventures* vorsah.[56] Die Änderung ist erfolgt, da das Board festgestellt hat, dass in manchen Fällen die Unterscheidung zwischen einem *joint asset* und einer *joint operation* schwierig ist.[57] Ebenso gleicht sich die Bilanzierungsmethode beider Formen (quotale Erfassung von Vermögenswerten, Schulden, Erträgen

---

53 Vgl. IASB (URL2).

54 Vgl. IFRS 11.C1; IFRS 11.BC58. Eine frühere Anwendung ist erlaubt, setzt jedoch voraus, dass auch IFRS 10, IFRS 12, IAS 27 (in der Version von 2011) und IAS 28 (in der Version von 2011) früher angewendet werden, vgl. IFRS 11.C1; IFRS 11.BC59. Anlage 2 zeigt die Zusammenhänge zwischen den gemeinsam veröffentlichten Standards, die auch als Konsolidierungspaket bezeichnet werden, vgl. Theile/Stahnke (2011), S. 564.

55 Vgl. IFRS 11.6.

56 Vgl. ED 9.3.

57 Vgl. IFRS 11.BC25. Es wird erläutert, dass in manchen Fällen ein *joint asset* ebenso eine *joint operation* darstellt und somit eine Klassifizierung in beiden Arten möglich wäre.

und Aufwendungen), sodass konsequenterweise beide Arten zu *joint operations* zusammengefasst werden.[58] Bezüglich der Bilanzierung ergibt sich für *joint operations* kein Unterschied, während für *joint ventures* die Equity-Methode verpflichtend anzuwenden ist und die Quotenkonsolidierung abgeschafft wird. Abbildung 2 veranschaulicht die wesentlichen Änderungen.

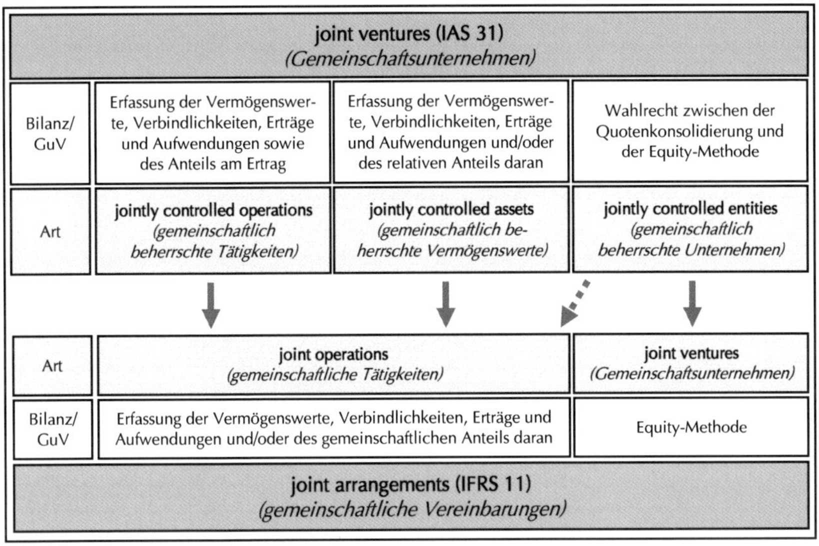

Abbildung 2: Wesentliche terminologische und konzeptionelle Änderungen

Modifiziert entnommen aus Küting/Seel (2011), S. 344; Dittmar/Graupe (2012), S. 408.

Die Veröffentlichung des *IFRS 11 Joint Arrangements*[59] erfolgte zusammen mit der *Basis for Conclusions*[60] und den *Illustrative Examples*[61]. Diese stellen keinen Bestandteil des Standards dar,[62] während die im IFRS 11 enthaltenen Anhänge App. A, B und C explizit als Bestandteil des IFRS 11 genannt werden.[63] App. A enthält Definitionen, App. B erläutert IFRS 11.1-27 näher und App. C enthält das

58 Vgl. IFRS 11.BC25. Hieraus ergeben sich gemäß der Schlussfolgerung in IFRS 11.BC25 zwei verschiedene Arten von *joint arrangements* mit zwei verschiedenen Bilanzierungsmethoden.

59 Vgl. IASB (2011a).

60 Vgl. IASB (2011b).

61 Vgl. IASB (2011c).

62 Vgl. IASB (2011b), S. 4; IASB (2011c), S. 4.

63 Vgl. IASB (2011a), S. 12, 14 und 30.

Datum des Inkrafttretens sowie die Vorgehensweise zur möglichen Umstellung der Bilanzierungsweise. Die Folgeänderungen innerhalb anderer IFRS werden in App. D aufgezeigt.[64]

Der Aufbau des IFRS 11 einschließlich der zugehörigen Paragraphen aus dem App. B ist in der folgenden Abbildung 3 ersichtlich.[65]

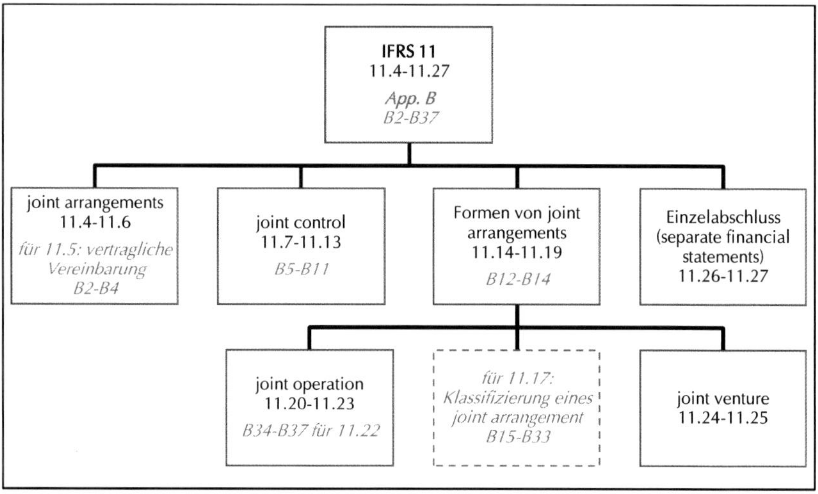

Abbildung 3: Aufbau IFRS 11

In Anlehnung an IFRS 11.4-27 sowie IFRS 11.B2-B37.

64 Im App. D erfolgt keine explizite Benennung als integraler Bestandteil.

65 IFRS 11.1 und IFRS 11.2 beschreiben die Zielsetzung und IFRS 11.3 den Anwendungsbereich des Standards. IFRS 11.B1 stellt lediglich fest, dass die Beispiele im App. B hypothetische Beispiele darstellen. Diese vier Paragraphen werden aus Gründen der Übersichtlichkeit nicht mit in die Abbildung 3 aufgenommen.

3 IFRS 11 JOINT ARRANGEMENTS

3.1 Klassifizierung eines joint arrangement

Ein *joint arrangement* (JA) ist eine gemeinschaftliche Vereinbarung, in der mindestens zwei Parteien eine gemeinschaftliche Beherrschung aufweisen.[66] IFRS 11.5 konkretisiert weiterhin folgende zwei Eigenschaften eines *joint arrangement*. Die Parteien sind durch eine vertragliche Vereinbarung (*contractul agreement*) aneinander gebunden.[67] Diese muss nicht schriftlich fixiert werden.[68] Für die Begründung eines JA ist diese Abmachung eine notwendige Bedingung.[69] Die vertragliche Vereinbarung weist den Parteien das *joint control* zu.[70] Die gemeinschaftliche Beherrschung (*joint control*) stellt somit eine hinreichende Bedingung dar.[71]

Joint control wird vom IFRS 11 App. A als „die vertraglich vereinbarte, gemeinsam ausgeübte Führung einer Vereinbarung"[72] definiert, die nur dann besteht, „wenn Entscheidungen über die maßgeblichen Tätigkeiten die einstimmige Zustimmung der an der gemeinschaftlichen Führung beteiligten Parteien erfordern."[73] Die Prüfung, ob diese Voraussetzung erfüllt ist, erfolgt in zwei Schritten.[74]

Im ersten Schritt wird geprüft, ob alle oder zumindest mehrere Parteien gemeinsam handeln müssen, um die relevanten Aktivitäten innerhalb des potenziellen JA zu bestimmen.[75] Bei einer Verneinung dieses Sachverhaltes liegt dieser außerhalb des Geltungsbereichs von IFRS 11.[76] Bei Anwendung von IFRS 11 erfolgt im zweiten Schritt die Prüfung, ob die Parteien (zwei oder mehr) zur

---

66 Vgl. IFRS 11.4.

67 Vgl. IFRS 11.5 (a).

68 Vgl. IFRS 11.B2.

69 Vgl. Dittmar/Graupe (2012), S. 404.

70 Vgl. IFRS 11.5 (b).

71 Vgl. Dittmar/Graupe (2012), S. 404.

72 Verordnung (EU) Nr. 1254/2012 der Kommission, S. 360/37.

73 Verordnung (EU) Nr. 1254/2012 der Kommission, S. 360/37. Die maßgeblichen Aktivitäten (*relevant activities*) werden in IFRS 11 nicht näher konkretisiert, jedoch in IFRS 10.10 als solche Aktivitäten definiert, „welche die (finanziellen) Rückflüsse des Unternehmens wesentlich beeinflussen", Dittmar/Graupe (405), S. 405. IFRS 10.B11 führt Beispiele wie u. a. aktives Management von Finanzinstrumenten auf.

74 Vgl. IFRS 11.B10; Dittmar/Graupe (2012), S. 405.

75 Vgl. Dittmar/Graupe (2012), S. 405.

76 Vgl. IFRS 11.B10.

Steuerung der relevanten Aktivitäten einstimmig zustimmen müssen. Eine Partei ist stets nur ein Teil des JA, wenn sie immer in der Lage ist, solche entsprechen Entscheidungen zu blockieren.[77] Erst bei Erfüllung beider Prüfschritte handelt es sich um ein *arrangement*, das gemeinsam beherrscht wird. Folglich ergibt sich ein JA. Abbildung 4 illustriert anhand eines Beispiels beide Prüfschritte.

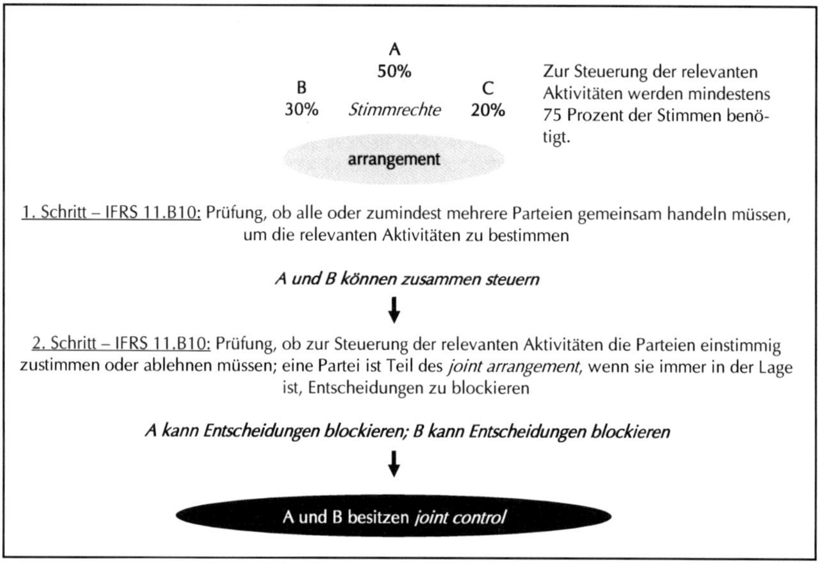

Abbildung 4: Beispiel joint control

In Anlehnung an IFRS 11.B8 Example 1.

Laut KPMG wird im ersten Schritt das *collective control* geprüft und im zweiten Schritt das *joint control*.[78] *Collective control* wird vom IFRS 11 nicht definiert, jedoch veranschaulicht eine Abwandlung des Beispiels diesen Sachverhalt:[79] Die Partei A hält 50 Prozent der Stimmrechte und die Parteien B und C jeweils 25 Prozent. A kann demnach unter gleichbleibenden Voraussetzungen entweder gemeinsam mit B oder mit C die relevanten Aktivitäten steuern. Diese Parteien üben ein *collective control* aus.[80] Im zweiten Schritt wird das *joint control* un-

---

[77] Vgl. Dittmar/Graupe (2012), S. 405.

[78] Vgl. KPMG (2011), S. 7 f.

[79] Vgl. IFRS 11.B8 Example 2.

[80] Vgl. IFRS 11.B8 Example 2.

tersucht. Partei A kann Entscheidungen blockieren. B und C sind hierzu hingegen nicht in der Lage. Folglich existiert kein *joint control*. Dieses kann bspw. begründet werden, wenn die vertragliche Vereinbarung festlegt, dass A entweder nur mit B oder nur mit C die relevanten Aktivitäten steuern kann.

3.2 Einstufung als joint operation oder joint venture

3.2.1 Begriffe und Einstufungskriterien im Überblick

Nach Feststellung eines *joint control* nach Kapitel 3.1 wird das *joint arrangement* abhängig von den Rechten und Pflichten der Parteien entweder als eine *joint operation* oder ein *joint venture* eingestuft.[81] Eine *joint operation* (JO) wird in IFRS 11.15 und IFRS 11 App. A definiert: Es stellt ein *joint arrangement* dar, bei der die Parteien mit dem *joint control* Rechte an den Vermögenswerten und Pflichten aus den Schulden des *arrangement* haben. Die an der JO beteiligte Partei wird als *joint operator* bezeichnet.[82] Im Gegensatz hierzu wird ein *joint venture* (JV) als ein *joint arrangement* definiert, bei dem die Parteien Rechte am Nettovermögen aus dem *arrangement* besitzen.[83] Diese Parteien werden *joint venturers* genannt.[84]

Abbildung 5 zeigt vier Prüfschritte, die sich aus dem Standard ableiten, zunächst im Überblick. Im Anschluss erfolgt eine detaillierte Auseinandersetzung mit diesen Regelungen.

81 Vgl. IFRS 11.14.

82 Vgl. IFRS 11.15.

83 Vgl. IFRS 11.16; IFRS 11 App. A.

84 Vgl. IFRS 11.16.

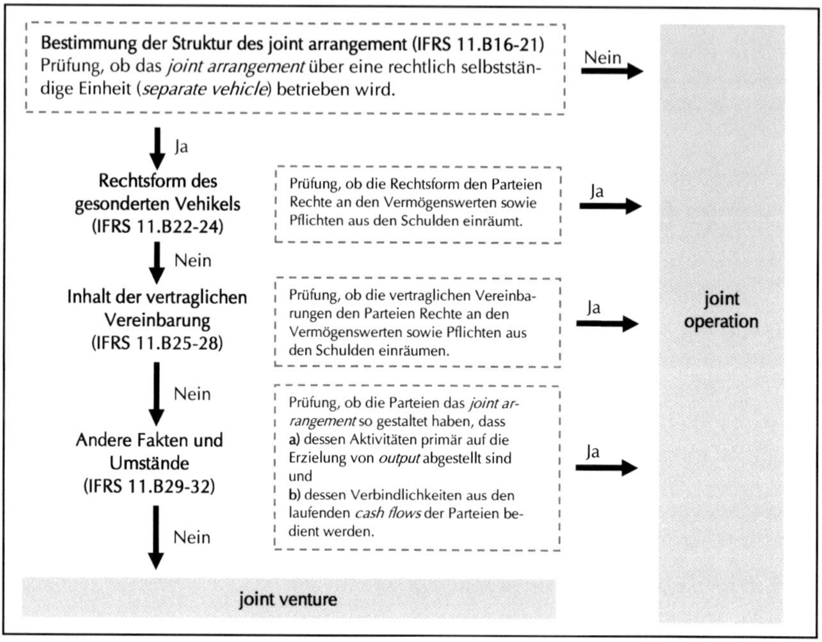

Abbildung 5: Abgrenzung von joint operations und joint ventures

In Anlehnung an IFRS 11.B10; B21 sowie B33; Küting/Seel (2011), S. 345; Zülch et al. (2011), S. 1819.

3.2.2 Struktur des joint arrangement

Zuerst wird geprüft, ob das *joint arrangement* über ein gesondertes Vehikel[85] strukturiert ist. Ein gesondertes Vehikel weist immer eine eigenständig identifizierbare Finanzstruktur[86] auf. Es umfasst eigenständige rechtliche Einheiten oder durch einen Gesellschaftsvertrag anerkannte Einheiten, unabhängig davon, ob diese Einheiten eine eigene Rechtspersönlichkeit besitzen.[87] Das IASB argumentiert für diesen Schritt damit, dass ohne ein gesondertes Vehikel nur sehr selten ein Recht am Nettovermögen (ergibt JV) eines JA begründet wird.[88] Aus diesem

---

85 Die Begriffe *gesondertes Vehikel* und *rechtlich selbstständige Einheit* werden gleichbedeutend verwendet.

86 Beispielsweise ein eigenständiges Rechnungswesen oder eigenständige Aufnahme von Fremdmitteln, vgl. Lüdenbach/Schubert (2012), S. 3.

87 Vgl. IFRS 11 App. A.

88 Vgl. Ernst & Young (2011), S. 20.

Grund erfolgt stets eine Einstufung als JO, wenn kein gesondertes Vehikel vorliegt und dieser Schritt somit verneint wird.[89]

Im IFRS 11.B17 wird hierfür das Beispiel angeführt, dass die Parteien eine gemeinsame Produktherstellung vereinbaren und hierfür jede Partei spezifische Aufgaben übernimmt sowie die eigenen Vermögenswerte einsetzt und eigene Verbindlichkeiten eingeht. Im deutschen Rechtsraum ensteht folglich „regelmäßig eine rechtliche Einheit in Form einer BGB-Innengesellschaft“[90]. Dennoch liegt gemäß den Kriterien kein gesondertes Vehikel vor. Arbeitsgemeinschaften (ARGE) werden auch als BGB-Gesellschaften gestaltet[91] und von FUCHS/STIBI als praktisches Beispiel angeführt.[92] Die Träger solcher gemeinsamen Projekte sind in diesen Situationen nicht die BGB-Gesellschaften, sondern die Parteien selbst.[93] HOLZAPFEL/MUJKANOVIC untersuchen ausführlich die Bau-ARGE und kommen zu dem Ergebnis, dass diese gemäß den nachfolgenden Schritten (Rechtsform, vertragliche Vereinbarung, andere Fakten und Umstände) alle Eigenschaften eines JV aufweist. Da jedoch kein gesondertes Vehikel vorliegt, muss eine Bau-ARGE als JO klassifiziert werden.[94] Durch diese Ausführungen wird auch die Abkehr von der Rechtspersönlichkeit als entscheidendes Kriterium deutlich.

3.2.3 Rechtsform des gesonderten Vehikels

Es wird untersucht, ob die Rechtsform des gesonderten Vehikels den Parteien Rechte an den Vermögenswerten und Pflichten aus den Schulden (JO) oder Rechte am Nettovermögen (JV) einräumt. FUCHS/STIBI und KÜTING/SEEL diskutieren diesen Prüfschritt bzgl. des deutschen Rechtsraumes. Im Schritt zuvor wurde bereits deutlich, dass im Regelfall mindestens eine BGB-Gesellschaft entsteht. Nach der gemeinsamen Meinung der Autoren ist dieser Prüfschritt konsequenterweise im deutschen Rechtsraum von geringer Bedeutung, da hier stets eine Trennung der Gesellschafts- und Gesellschafterebene durch Kapitalgesellschaften, Personenhandelsgesellschaften sowie BGB-Außengesellschaften erfolgt.[95] Diskutiert wird, ob aus der unbeschränkten Haftung von Gesellschaftern („wie bei der BGB-Gesellschaft oder nach § 128 HGB bei der OHG“[96]) eine JO resul-

---

89 Vgl. IFRS 11.B16.

90 Küting/Seel (2011), S. 345.

91 Vgl. Holzapfel/Mujkanovic (2012), S. 338.

92 Vgl. Fuchs/Stibi (2011), S. 1453.

93 Vgl. Fuchs/Stibi (2011), S. 1453; Küting/Seel (2011), S. 345.

94 Vgl. Holzapfel/Mujkanovic (2012), S. 345.

95 Vgl. Fuchs/Stibi (2011), S. 1454; Küting/Seel (2011), S. 346.

96 Lüdenbach/Schubert (2012), S. 3.

tiert, da Pflichten aus den Schulden begründet werden könnten.[97] Die unmittelbare Haftung wird u. a. aufgrund der kumulativen Forderung des IFRS 11.15 (nach Rechten an den Vermögenswerten und Pflichten aus den Schulden) als unerheblich eingestuft.[98] Die Absonderung durch die Rechtsform ist folglich oft ein Indiz für ein JV.[99] In Abbildung 5 wird hier der Prüfschritt regelmäßig verneint. Dennoch sind zwei weitere Prüfschritte notwendig, da IFRS 11.B23 explizit zulässt, dass vertragliche Vereinbarungen oder andere Tatsachen und Umstände sich über die Rechtsform hinwegsetzen können.

3.2.4 Inhalt der vertraglichen Vereinbarung

Die Rechte und Pflichten, die innerhalb der vertraglichen Vereinbarung geregelt werden, stimmen entweder mit den Rechten und Pflichten, die sich aus der Rechtsform ergeben (in Deutschland regelmäßig Absonderung) überein oder widersprechen diesen nicht.[100] Es kann jedoch auch Fälle geben, in denen die vertragliche Vereinbarung dazu genutzt wird, die aus der Rechtsform entstehenden Rechte an den Vermögenswerten und Pflichten aus den Schulden aufzuheben oder zu verändern.[101] In den *Illustrative Examples* wird beispielhaft die Förderung von Rohstoffen angeführt, wobei vertraglich geregelt wird, dass den Parteien ihr Anteil an den Vermögenswerten, die aus den gemeinsamen Aktivitäten resultieren (u. a. geförderter Rohstoff), entsprechend ihrer Beteiligungsquote zustehen. Ebenso wird vereinbart, dass die Schulden anteilig von den Parteien getragen werden.[102] Aus dieser Konstellation ergibt sich eine JO.[103]

---

97 Vgl. Fuchs/Stibi (2011), S. 1454; Holzapfel/Mujkanovic (2012), S. 343; Lüdenbach/Schubert (2012), S. 3.

98 Vgl. Lüdenbach/Schubert (2012), S. 3. Auch gemäß IFRS 11.IE44 und IFRS 11.B27 (Erläuterung zu Garantien) ergibt sich, dass eine unbeschränkte Haftung wirtschaftlich einer Garantie entspricht und somit keine JO indizieren muss, vgl. Fuchs/Stibi (2011), S. 1454 sowie Lüdenbach/Schubert (2012), S. 3.

99 Vgl. Küting/Seel (2011), S. 346.

100 Vgl. IFRS 11.B25.

101 IFRS 11.B27 führt gegenüberstellend auf, unter welchen Umständen vertragliche Bedingungen für ein JV sprechen und wann für eine JO.

102 Vgl. IFRS 11.IE40-43; Küting/Seel (2011), S. 347.

103 Vgl. IFRS 11.IE42.

3.2.5 Berücksichtigung von anderen Fakten und Umständen

Der letzte Prüfschritt zielt insbesondere darauf ab, dass Rechte und Pflichten nicht nur rechtlich (Schritte zuvor), sondern auch durch wirtschaftliche Beziehungen zwischen dem gesonderten Vehikel und den Parteien begründet sein können.[104] Dies wird unter *anderen Fakten und Umständen* zusammengefasst, sodass diese ggf. auch zur Klassifizierung als JO führen.[105] Ein Sachverhalt wird im Standard näher erläutert.[106] In IFRS 11.B31 wird beschrieben, dass den Parteien Rechte am wirtschaftlichen Nutzen aus den Vermögenswerten entstehen, wenn die Produktionsergebnisse[107] (*output*) des JA nur an die Parteien verkauft werden dürfen. Hieraus entsteht eine wirtschaftliche Abhängigkeit.[108] Faktisch gesehen stehen die Parteien auch für die Schulden ein, da die Einnahmen des JA ausschließlich über sie generiert werden und das JA die Schulden aus diesen Mitteln bedient.[109] In diesem Fall wäre das *joint arrangement* als eine JO einzustufen. Ein JV würde sich ergeben, wenn auch ein wesentlicher[110] Verkauf an Dritte möglich wäre.

---

104 Vgl. Küting/Seel (2011), S. 348.

105 Vgl. IFRS 11.B30.

106 Vgl. auch Fuchs/Stibi (2011), S. 1454.

107 Der Begriff Produktionsergebnisse wird in Anlehnung an die deutsche Übersetzung in der Verordnung (EU) Nr. 1254/2012 der Kommission verwendet, vgl. bspw. IFRS 11.B31 auf S. 360/43 der Verordnung.

108 Vgl. Küting/Seel (2011), S. 348.

109 Vgl. IFRS 11.B32.

110 Ein unwesentlicher Verkauf, der gemäß IFRS 11.B32 Example 5 seitens der Parteien zugelassen werden kann, würde nichts an der Einstufung als JO ändern. Der Verkauf an Dritte in dieser Konstellation wird vom Standard als *uncommon* und *not material* beschrieben, sodass die Abhängigkeit weiterhin besteht, vgl. auch Küting/Seel (2011), S. 348.

3.3 Bilanzierung joint operation und joint venture

Die Bilanzierung einer *joint operation* beim *joint operator* ist in IFRS 11.20 bis IFRS 11.22 geregelt. Nach IFRS 11.20 hat der *joint operator* folgendes anzusetzen:

- seine Vermögenswerte inkl. seines Anteils an den gemeinsam beherrschten Vermögenswerten,
- seine Schulden inkl. seines Anteils an gemeinsam aufgenommenen Schulden,
- seine Erlöse aus dem Verkauf des ihm zurechenbaren anteiligen Produktionsergebnisses der JO,
- seinen Anteil am Erlös aus dem Verkauf der Produktionsergebnisse durch die JO und
- seine Aufwendungen inkl. seines Anteils an den gemeinsam verursachten Aufwendungen.

Die Vermögenswerte, Schulden, Erlöse und Aufwendungen werden gemäß den anzuwendenden IFRS bilanziert.[111] Die Zwischenergebniseliminierung wird ebenso geregelt, da die Einheitstheorie auch bei Transaktionen zwischen einem *joint operator* und einer JO unterstellt wird.[112] Die genaue Beschreibung dieser quotalen Bilanzierungsmethode und eine Abgrenzung gegenüber der Quotenkonsolidierung erfolgt in Kapitel 3.4.3.

Für das *joint venture* gilt nach IFRS 11.24 die Equity-Methode verpflichtend. Die Anteile an einem JV sollen gemäß der Equity-Methode, wie sie in *IAS 28 Investments in Associates and Joint Ventures*[113] beschrieben wird, bilanziert werden.[114]

---

[111] Vgl. IFRS 11.21. Beispielsweise stellen Maschinen Sachanlagen dar und werden nach IAS 16 bilanziert.

[112] Vgl. Zülch et al. (2011), S. 1820.

[113] IAS 28 wurde aus diesem Grund ebenso modifiziert und u. a. von *investments in associates* in *Investments in Associates and Joint Ventures* umbenannt, vgl. auch Anlage 2. Solange kein abweichender Vermerk erfolgt, beziehen sich Fundstellen bzgl. des IAS 28 auf die Fassung vor der Überarbeitung im Jahr 2011. Belege aus der jüngsten Version werden explizit analog Anlage 2 als IAS 28 (in der Version von 2011) gekennzeichnet, vgl. auch Fußnoten 149 und 150.

[114] Vgl. IFRS 11.24.

3.4 Bilanzierungsmethoden im Vergleich

3.4.1 Quotenkonsolidierung

Im Rahmen der Quotenkonsolidierung hat der *venturer* seinen Anteil an den Vermögenswerten, Schulden, Erträgen und Aufwendungen in seinen Konzernabschluss aufzunehmen.[115] Die in IAS 31.30 erwähnten unterschiedlichen Berichtsformate werden in IAS 31.34 wie folgt beschrieben: Der *venturer* kann seine Anteile an der JCE mit seinen zugehörigen Bilanz- bzw. GuV-Posten zusammenfassen. Wahlweise können die Posten jedoch auch separiert ausgewiesen werden, indem die Anteile an der JCE als solche gekennzeichnet werden. Der Paragraph verweist darauf, dass die Vorgehensweise bei der Quotenkonsolidierung den Konsolidierungsverfahren[116] gemäß IAS 27 in vielen Bereichen ähnelt.

Vereinfacht dargestellt existieren für die Quotenkonsolidierung zu Beginn die Einzelabschlüsse des *venturer* (Konzernmutter) und der JCE[117]. Zunächst werden diese vereinheitlicht.[118] Die identifizierbaren Vermögenswerte und Schulden sind zum Erwerbszeitpunkt zum beizulegenden Zeitwert (*fair value*) zu bewerten.[119] In diesem Rahmen werden die stillen Reserven und Lasten der JCE aufgedeckt.[120] Daraufhin wird der Summenabschluss aus den vereinheitlichten Abschlüssen des Mutterunternehmens und der JCE gebildet.[121] Die Vorgänge sind analog der Vollkonsolidierung durchzuführen. Die Quotenkonsolidierung kann demnach auch mehr als eine modifizierte Anwendungsform der Vollkonsolidierung als eine „eigenständige Konsolidierungsmethodik"[122] betrachtet werden.[123] Ein Unterschied zeigt sich im Summenabschluss, da die Werte der JCE nur anteilig übernommen werden.[124] Analog der Vollkonsolidierung erfolgen bei der

---

115 Vgl. IAS 31.32.

116 Die relevanten Konsolidierungsverfahren sind in IAS 27.18-31 beschrieben (IAS 31 bezieht sich stets auf die Fassung des IAS 27 vor der Überarbeitung in 2011).

117 Gemäß IAS 31.28 hat eine JCE wie jedes andere Unternehmen ihre eigene Buchführung zu führen und Abschlüsse vorzulegen.

118 Vgl. IAS 27.22-25. Für ausführliche Informationen zur Vereinheitlichung vgl. Küting/Weber (2012), S. 231-277.

119 Vgl. IFRS 3.18; IFRS 3.B41-45 enthalten Leitlinien zur Bestimmung des beizulegenden Zeitwerts.

120 Vgl. Küting/Weber (2012), S. 290.

121 Vgl. IAS 27.18 (a).

122 Küting/Seel (2012), S. 588.

123 Vgl. Küting/Seel (2012), S. 588.

124 Vgl. Theile/Pawelzik (2009), S. 694 Rz. 3610; Pellens et al. (2011), S. 806. Wenn die anteilige Einbeziehung der JCE gemäß dem Kapitalanteil erfolgt, entsteht bei der Quotenkonsolidierung im Gegensatz zur Vollkonsolidierung kein Ausgleichsposten für Minderheiten, vgl. auch Pellens et al. (2011), S. 806. Ein Posten für Minderheiten kann dennoch entstehen, wenn die JCE selbst eine Kon-

Quotenkonsolidierung auch die Kapital-, Schulden-, Aufwands- und Ertragskonsolidierung sowie die Zwischenergebniseliminierung.[125]

Der Standard regelt jedoch nicht, gemäß welcher Quote die Werte der JCE übernommen werden sollen.[126] Die Höhe der Anteilsquote kann sich grundsätzlich auf den Kapital- oder Gewinnanteil beziehen.[127] Ein Problem entsteht hieraus erst, wenn „vertraglich eine gesonderte Gewinnverteilungsabrede“[128] vereinbart wird, sodass sich der Kapital- vom Gewinnanteil unterscheidet. In der Literatur finden sich für diesen Fall drei mögliche Vorgehensweisen. Diese werden angelehnt an Küting/Seel nachfolgend komprimiert wiedergegeben:[129]

(1) Bilanz- und GuV-Posten werden einheitlich nach dem Gewinnanteil einbezogen.

Bei der Kapitalkonsolidierung[130] kommt es zu bilanziellen Unterschiedsbeträgen, da die Beteiligung (gemäß Kapitalanteil) der Höhe nach nicht dem anteiligen Nettovermögen (einbezogen gemäß Gewinnanteil) entspricht. Hierbei handelt es sich um eine rechentechnische Differenz und nicht um einen *goodwill* bzw. *lucky buy*. Bilanziell wird in einem solchen Fall *ein Ausgleichsposten für Anteile anderer Gesellschafter* herangezogen, um einen Ausgleichsanspruch bzw. eine Ausgleichsverpflichtung gegenüber einem anderen Gesellschafter oder mehreren Gesellschaftern auszuweisen.

(2) Die GuV-Posten werden gemäß dem Gewinnanteil einbezogen. Den Bilanzposten wird bis auf die zwei Ausnahmen Jahresergebnis und Gewinnrücklagen der Kapitalanteil zugrunde gelegt.

Demnach erfolgt eine „gespaltene Einbeziehung“[131]. Die Konsequenz hieraus ist, dass zusammenhängende Bilanz- und GuV-Posten nicht mehr wertmäßig zueinanderpassen.[132]

---

zernmutter darstellt und im Konzernabschluss einen Ausgleichsposten für Minderheiten enthält, vgl. Theile/Pawelzik (2009), S. 694 Rz. 3610. IAS 31 regelt nicht, ob der Konzern- oder Einzelabschluss der JCE heranzuziehen ist, die herrschende Meinung in der Literatur plädiert jedoch für den Konzernabschluss, vgl. Theile/Pawelzik (2009), S. 693 Rz. 3610.

125 Vgl. Freiberg (2011), S. 177; Pellens et al. (2011), S. 808; Küting/Seel (2012), S. 589.

126 Vgl. auch Küting/Seel (2012), S. 588.

127 Vgl. Pellens et al. (2011), S. 806; Küting/Seel (2012), S. 588.

128 Küting/Seel (2012), S. 588.

129 Vgl. Küting/Seel (2012), S. 588.

130 Der Beteiligungsbuchwert, der über den Einzelabschluss des Mutterunternehmens in die Summenbilanz eingeht, wird gegen das bereits anteilig übernommene Eigenkapital der JCE aufgerechnet und somit aus der Konzernbilanz eliminiert, vgl. IAS 27.18 (a) angewandt auf eine JCE.

131 Küting/Seel (2012), S. 588.

(3) Bilanz- und GuV-Posten werden einheitlich nach dem Kapitalanteil einbezogen. Der Anteil am Ergebnis der JCE wird in der Konzern-GuV auf die Höhe des vereinbarten Gewinnanteils korrigiert.

Zur Vermeidung einer Verfälschung der Ergebnisanteile schlagen die Autoren vor, dass „diese Korrektur (erst) durch eine Ergebniszurechnung im Posten ‚Ergebnisanteil für Anteile anderer Gesellschafter' erfolgen"[133] sollte. Bilanziell wird diese Differenz analog der Variante (1) in einem *Ausgleichsposten für Anteile anderer Gesellschafter* erfasst.

Wenn die Anteile tatsächlich voneinander abweichen, wird Variante (3) präferiert.[134]

Im Zuge der Kapitalkonsolidierung kann weiterhin ein *goodwill* entstehen. Dieser ergibt sich, wenn der Beteiligungsbuchwert höher[135] als das anteilige neubewertete Eigenkapital ist.[136] Die Schulden- sowie Aufwands- und Ertragskonsolidierung erfolgen anteilig.[137] Die Zwischenergebniseliminierung ist komplexer, da hier zwischen einer *downstream*-Lieferung (*venturer* liefert an JCE) und einer *upstream*-Lieferung (JCE liefert an *venturer*) unterschieden wird.[138]

Bei einer *downstream*-Lieferung muss der beim *venturer* realisierte Gewinn bzw. Verlust anteilig eliminiert werden, solange der Vermögenswert von der JCE nicht an einen konzernfremden Dritten verkauft ist.[139] Im Endeffekt wird gemäß der Formulierung in IAS 31.48 nur der Gewinn bzw. Verlust, der anteilig auf den (die) anderen *venturer(s)* entfällt, realisiert.

Im umgekehrten Fall realisiert die JCE aus der *upstream*-Lieferung einen Gewinn bzw. Verlust. Dieser wird ebenso anteilig eliminiert, solange kein Verkauf an

---

132 Eine Maschine wird bspw. in der Bilanz der JCE mit 200 GE geführt und mit 100 GE in die Konzernbilanz aufgenommen (Kapitalanteil 50 Prozent). Die Maschine weist eine Nutzungsdauer von zehn Jahren auf. Die Abschreibung in der GuV der JCE i. H. v. 20 GE wird mit dem Gewinnanteil i. H. v. 40 Prozent in die Konzern-GuV aufgenommen (entspricht 8 GE). Nach zehn Jahren ist die Maschine bei der JCE bis auf einen Erinnerungswert abgeschrieben, während in der Konzernbilanz 20 GE ausgewiesen werden (100 GE – 80 GE Abschreibung).

133 Küting/Seel (2012), S. 588.

134 Vgl. Küting/Seel (2012), S. 588.

135 Sofern der Beteiligungsbuchwert niedriger ist als das anteilig neubewertete Eigenkapital entsteht ein passivischer Unterschiedsbetrag (*bargain purchase*), vgl. IFRS 3.34. Dieser ist nicht zu passivieren, sondern nach einer erneuten Wertermittlung (*reassessment*) sofort erfolgswirksam zu erfassen, vgl. IFRS 3.34 i. V. m. IFRS 3.36. Hier wird auch von einem *lucky buy* gesprochen, vgl. Küting/Seel (2012), S. 593.

136 Vgl. IFRS 3.32.

137 Vgl. Küting/Seel (2012), S. 589.

138 Vgl. IAS 31.48 f. Für die Prägung der Begriffe *downstream*-Lieferung und *upstream*-Lieferung in der Literatur vgl. Pellens et al. (2011), S. 808; Küting/Seel (2012), S. 589.

139 Vgl. IAS 31.48.

Dritte stattgefunden hat.[140] Da in diesem Fall die Einbeziehung sowie die Eliminierung anteilig erfolgen, ergibt sich hieraus ein ergebnisneutrales Ereignis.[141] Der Vermögenswert ist bei der JCE jedoch entweder höher (Zwischengewinn beim *venturer*) oder niedriger (Zwischenverlust beim *venturer*) angesetzt, sodass dieser durch die anteilige Einbeziehung „den auf den (die) anderen Partner entfallenden Gewinn- bzw. Verlustanteil“[142] umfasst.[143] Ein Verlust wird bei einer *downstream*-Lieferung vollständig und bei einer *upstream*-Lieferung anteilig realisiert, wenn dieser im Umlaufvermögen auf einer Verringerung des Nettoveräußerungswerts oder im Anlagevermögen auf einer Wertminderung beruht.[144]

In den Folgekonsolidierungen werden die aufgedeckten stillen Reserven und stillen Lasten ihrem Ursprung nach behandelt.[145] Der *goodwill* wird nicht planmäßig abgeschrieben, sondern unterliegt dem *impairment-only-approach,* da er einen immateriellen Vermögenswert mit unbestimmter Nutzungsdauer darstellt.[146]

Eine kritische Würdigung der Quotenkonsolidierung im Rahmen der Abschaffung des Wahlrechts erfolgt von LÜDENBACH/SIGLE.[147] KÜTING/WEBER betrachten die Quotenkonsolidierung neben einer allgemeinen kritischen Würdigung auch im Vergleich zur Equity-Methode.[148]

---

140 Vgl. IAS 31.49.

141 Vgl. Küting/Seel (2012), S. 589.

142 Küting/Seel (2012), S. 589.

143 Beispielsweise wird der Vermögenswert bei der JCE mit 80 GE bilanziert und an den *venturer* für 100 GE verkauft. Es entsteht ein Zwischengewinn von 20 GE, und der Vermögenswert wird beim *venturer* und im Konzernabschluss zunächst mit 100 GE geführt. Der Zwischengewinn wird über die GuV der JCE anteilig mit 10 GE (50 Prozent) übernommen und genauso anteilig wieder mit 10 GE eliminiert. Der Vermögenswert wird dann in der Konzernbilanz mit 90 GE geführt, sodass dieser um 10 GE höher ist als ursprünglich in der Bilanz der JCE. Diese 10 GE Differenz entsprechen somit dem Gewinnanteil, der auf den anderen Partner entfällt.

144 Vgl. IAS 31.48 f.; Küting/Seel (2012), S. 589. IAS 31.50 verweist auf IAS 36, der die Wertminderung (*impairment*) thematisiert.

145 Vgl. IFRS 3.54.

146 Vgl. IAS 27.18 (a) i. V. m. IFRS 3.54, IFRS 3.B63 (a), IAS 38.107. IAS 38.108 verweist auf IAS 36, der die Wertminderung behandelt. Für die Bezeichnung *impairment-only-approach* vgl. Schmidt (2010), S. 62.

147 Vgl. Lüdenbach/Sigle (2008), S. 27 f. Für eine allgemeine Beurteilung der Quotenkonsolidierung vgl. auch Busse von Colbe et al. (2010), S. 508-510; Baetge/Kirsch/Thiele (2011), S. 329-331; Küting/Weber (2012), S. 575 f.

148 Vgl. Küting/Weber (2012), S. 610-612.

3.4.2 Equity-Methode

Die Equity-Methode wird nach IAS 28.11 für assoziierte Unternehmen vorgeschrieben.[149] Gemäß IAS 31.38 kann die Methode auch für *jointly controlled entities* verwendet werden. Nach IFRS 11.24 ist die Equity-Methode die einzig zugelassene Variante für *joint ventures*. Im Gegensatz zur Quotenkonsolidierung erfolgt bei dieser Vorgehensweise keine Einbeziehung der Vermögenswerte und Schulden. Gemäß der deutschen Fassung wird in IAS 28.3 (in der Version von 2011) die Equity-Methode wie folgt beschrieben: *„Die Equity-Methode ist eine Bilanzierungsmethode, bei der die Anteile zunächst mit den Anschaffungskosten angesetzt werden, dieser Ansatz aber in Folge um etwaige Veränderungen beim Anteil des Eigentümers am Nettovermögen des Beteiligungsunternehmens angepasst wird."*[150] In der Literatur wird diese Methode auch *one-line consolidation* genannt.[151] Küting/Weber sprechen von der Spiegelbildmethode, da Änderungen im Eigenkapital spiegelbildlich im Beteiligungsbuchwert des Anteilseigners abgebildet werden.[152]

Wie bereits bei der Quotenkonsolidierung verweist auch IAS 28.20 darauf, dass sachgerechte Verfahren bei der Equity-Methode den Konsolidierungsverfahren gemäß IAS 27 in vielen Bereichen ähneln. Beim Anteilserweb werden auch hier die übernommenen Vermögenswerte und Schulden zum beizulegenden Zeitwert bewertet.[153] Folglich werden die anteiligen stillen Reserven aufgedeckt und in den Folgeperioden sachgerecht fortgeführt (u. a. planmäßige Abschreibung).[154] Ein *goodwill* ist im Anteil enthalten[155] und darf nicht planmäßig abgeschrieben werden.[156] Aufgrund dieser Tatsache unterliegt der *goodwill* auch nicht einem eigenständigen *impairment*-Test nach IAS 36. Stattdessen wird der Equity-Wert in der Summe hinsichtlich einer Wertminderung untersucht.[157]

---

149 Vgl. IAS 28.13. Je nach Betrachtungswinkel ist die Fassung weiterhin aktuell (ggf. in der EU), oder bereits abgelöst, wenn das Recht einer früheren Anwendung genutzt wird. Bei Anwendung des Konsolidierungspakets seit dem 01.01.2013 gemäß IASB ist IAS 28.16 (in der Version von 2011) der relevante Paragraph, der die Equity-Methode für assoziierte Unternehmen und JV vorschreibt.

150 Verordnung (EU) Nr. 1254/2012 der Kommission, S. 360/71. Die Definition der Equity-Methode in IAS 28.3 (in der Version von 2011) entspricht folglich der in IAS 28.2. Die Quellenangaben beziehen sich aus diesem Grund stets auf die Fassung vor der Überarbeitung in 2011, da lediglich terminologische Anpassungen vorgenommen wurden.

151 Vgl. Lüdenbach (2006), S. 207; Freiberg (2007), S. 260; Lüdenbach (2009), S. 26; Schmidt (2010), S. 61. *One-line* steht für den Ausweis eines einzelnen Betrags in der Bilanz (Wert) bzw. GuV (Erfolg). *Consolidation* steht bspw. dafür, dass analog den Regeln der Vollkonsolidierung auch Zwischenergebnisse eliminiert werden müssen, vgl. Lüdenbach (2009), S. 26.

152 Vgl. Küting/Weber (2012), S. 578; ähnlich auch Freiberg (2010), S. 254.

153 Vgl. IAS 28.23.

154 Vgl. IAS 28.23.

155 Vgl. auch Petersen/Bansbach/Dornbach (2009), S. 452.

156 Vgl. IAS 28.23 (a).

157 Vgl. IAS 28.33.

Eine hieraus mögliche Wertminderung erfolgt insofern bzgl. der Anteile. Analog kommt es zur Zuschreibung, wenn eine Umkehrung der Wertminderung erfolgt.[158] Ein passivischer Unterschiedsbetrag wird im Jahr des Erwerbs erfolgswirksam eingenommen[159] und führt zu einer Erhöhung des Equity-Werts.[160] Tabelle 1 zeigt die Ausführungen zur Equity-Methode (Terminologie wird übertragen auf JV) in IAS 28 und ergänzt in Anlehnung an PETERSEN/BANSBACH/DORNBACH Aspekte, die in dieser Form nicht explizit im Standard erwähnt werden.

		Anschaffungskosten der Anteile (IAS 28.2 und 28.11)
erfolgswirksame Vorgänge beim *joint venture*	+/-	anteiliges Jahresergebnis des Beteiligungsunternehmens (IAS 28.11)
	-/+	Fortführung von stillen Reserven und Lasten (IAS 28.23)
	-/+	*impairment* (außerplanmäßige Abschreibung) und ggf. *reversal* (Zuschreibung) (IAS 28.31-28.34)
	-/+	Eliminierung von Zwischengewinnen/Zwischenverlusten aus *downstream*-Transaktionen (IAS 28.22)[161]
	+/-	ggf. Ergebniseffekte aus der Fortschreibung von Anpassungen an die konzerneinheitliche Bilanzierung und Bewertung[162]
Ausschüttung	-	vereinnahmte Gewinnausschüttungen (IAS 28.11)[163]
erfolgsneutrale[164] Vorgänge beim *joint venture*	+/-	Differenzen aus der Fremdwährungsumrechnung (IAS 28.11)
	+/-	ggf. erfolgsneutrale Zu- und Abschreibungen aufgrund von Neubewertungen (IAS 28.11)
	+/-	Kapitaleinzahlungen/Kapitalrückzahlungen[165]

Tabelle 1: Fortschreibung Beteiligungsbuchwert nach der Equity-Methode

In Anlehnung an IAS 28[166]; Lienau (2007), S. 16 und Petersen/Bansbach/Dornbach (2009), S. 453.

---

158 Vgl. IAS 28.33. Lüdenbach (2009) behandelt ausführlich außerplanmäßige Abschreibungen und Zuschreibungen auf den Equity-Wert.

159 Vgl. IAS 28.23 (b).

160 Vgl. Küting/Weber (2012), S. 585.

161 Peterson/Bansbach/Dornbach (2009), S. 453.

162 Peterson/Bansbach/Dornbach (2009), S. 453. IAS 28.26 und 28.27 werden vermutlich von den Autoren für diesen Vorgang als gesetzliche Grundlage betrachtet, auch wenn dies an der Stelle nicht explizit geäußert wird.

163 Der im Einzelabschluss vereinnahmte Beteiligungsertrag wird erfolgswirksam eliminiert, da dieser aus Sicht des *joint venturer* einen Tausch zwischen den liquiden Mitteln und dem Equity-Wert darstellt, vgl. Peterson/Bansbach/Dornbach (2009), S. 454.

164 IAS 28.39 regelt im Allgemeinen, dass alle erfolgsneutralen Vorgänge beim JV auch erfolgsneutral beim *joint venturer* zu erfassen sind.

165 Peterson/Bansbach/Dornbach (2009), S. 453; vgl. auch IAS 28.11.

Dieses Schema endet, sobald der Equity-Ansatz den Wert null erreicht. Zur Ermittlung dieses Ansatzes werden neben dem Buchwert der Anteile auch langfristige Anteile berücksichtigt, die wirtschaftlich gesehen eine Erhöhung der Anteile darstellen, wie bspw. Vorzugsaktien oder langfristige Forderungen.[167] Weitere Verlustanteile werden in einer Nebenrechnung fortgeführt. Bei Gewinnen werden zunächst Verluste in der Nebenrechnung ausgeglichen und im Anschluss z. B. langfristige Forderungen zugeschrieben.[168] Daraufhin kann der Buchwert der Anteile am JV wieder erhöht werden.

Neben der ähnlichen Vorgehensweise zur Kapitalkonsolidierung wird auch analog zu den Vollkonsolidierungsmaßnahmen die Zwischenergebniseliminierung vorgeschrieben.[169] Die Zwischenergebniseliminierung wird in IAS 28.22 geregelt. Gemäß diesem Paragraphen müssen bei *upstream-* und *downstream-*Transaktionen Gewinne und Verluste anteilig eliminiert werden. Bei *upstream-*Vorgängen erfolgt die Elimierung zu Lasten des erworbenen Vermögenswerts.[170] Demnach benötigt der *joint venturer* zusätzliche Informationen (Kalkulation beim *joint venture*), um Zwischengewinne bzw. -verluste beziffern zu können.[171] Bei einer *downstream-*Transaktion kennt der *joint venturer* die Höhe des Zwischenerfolgs oder -verlusts und korrigiert diesen „zu Lasten des Equity-Wertansatzes"[172].

LIENAU stellt die Equity-Methode ausführlich dar und berücksichtigt hierbei auch latente Steuern, die gemäß IAS 12 auf temporäre Differenzen „zwischen dem Buchwert nach IFRS (*accounting base*) und dem Steuerwert (*tax base*)"[173] gebildet werden.[174] Für eine kritische Würdigung wird erneut auf KÜTING/WEBER verwiesen, welche die Equity-Methode vergleichend zur Quotenkonsolidierung betrachten.[175]

---

166 Die relevanten Paragraphen werden zur Übersichtlichkeit innerhalb der Tabelle direkt auf die Aussage folgend in Klammern angegeben.

167 Vgl. IAS 28.29.

168 Vgl. IAS 28.29 i. V. m. IAS 28.30.

169 Vgl. Lüdenbach (2006), S. 207; Freiberg (2011), S. 177.

170 Vgl. Lüdenbach (2006), S. 208; Peterson/Bansbach/Dornbach (2009), S. 453.

171 Vgl. Petersen/Bansbach/Dornbach (2009), S. 454.

172 Peterson/Bansbach/Dornbach (2009), S. 453.

173 Lienau (2007), S. 17.

174 Vgl. Lienau (2007), S. 14-22.

175 Vgl. Küting/Weber (2012), S. 610-612.

3.4.3 Quotale Einbeziehung

3.4.3.1 Bilanzielle Vorgehensweise

Wie in Kapitel 3.3 beschrieben bilanziert der *joint operator* seine Vermögenswerte, Schulden, Erträge und Aufwendungen und/oder seinen gemeinschaftlichen Anteil an diesen Posten aus der JO (siehe auch Abbildung 2). Analog zu den anderen Methoden wird auch hier eine Zwischenergebniseliminierung vorgeschrieben. Der Wortlaut ist zwar unterschiedlich, jedoch kann laut IFRS 11 auch bei der quotalen Einbeziehung in *downstream*-Transaktionen[176] und *upstream*-Transaktionen[177] unterschieden werden. Bei der *downstream*-Lieferung realisiert der *joint operator* nur den Anteil am Gewinn bzw. Verlust, der auf die andere(n) Partei(en) entfällt.[178] Bei einer *upstream*-Lieferung realisiert der *joint operator* seinen Anteil am Gewinn bzw. Verlust solange nicht, bis der Vermögenswert an einen Dritten verkauft wird.[179] Ebenso vergleichbar mit der Quotenkonsolidierung wird ein Verlust vollständig (bei *downstream*) bzw. anteilig (bei *upstream*) realisiert, wenn dieser im Umlaufvermögen auf einer Verringerung des Nettoveräußerungswerts oder im Anlagevermögen auf einer Wertminderung beruht.[180]

Die Bilanzierung von JO wird auch als quotale Einbeziehung bezeichnet.[181] In der Literatur gehen die Meinungen bzgl. dieser Methode auseinander. Während Böckem/Ismar äußern, dass der Ausweis einer quotalen Einbeziehung im Endeffekt vergleichbar mit einem Ausweis nach der Quotenkonsolidierung sei,[182] widersprechen Küting/Wirth dieser Auffassung.[183] Auch das IASB äußert sich in diesem Sinne. Dessen Auffassung nach kann die Quotenkonsolidierung ähnliche Ergebnisse aufweisen wie die quotale Einbeziehung, die bei einer JO zum Einsatz kommt. Das ist jedoch nicht konstruktionsbedingt, sondern mehr ein Zufallseffekt.[184] In IFRS 11.BC38 erfolgt eine explizite Abgrenzung zur Quotenkonsolidierung. Das Board nennt zwei Hauptunterschiede zwischen beiden Methoden. Zum einen richtet sich die quotale Einbeziehung an dem vertraglich festgelegten Anteil[185] und nicht wie bei der Quotenkonsolidierung regelmäßig am Kapitalanteil aus. Demzufolge können sich beide Methoden ähneln, wenn

176 Vgl. IFRS 11.B34 f.

177 Vgl. IFRS 11.B36 f.

178 Vgl. IFRS 11.B34.

179 Vgl. IFRS 11.B36.

180 Vgl. IFRS 11.B35 und B37.

181 Vgl. Küting/Seel (2012), S. 587; Küting/Wirth (2012), S. 151.

182 Vgl. Böckem/Ismar (2011), S. 821.

183 Vgl. Küting/Wirth (2012), S. 152.

184 Vgl. ED 9.BC9.

185 Vgl. auch Küting/Seel (2011), S. 349.

z. B. vereinbart wird, dass der gesamte *output* des JO gemäß der Kapitalanteilsquote abgenommen wird.[186] Ein Unterschied nach DITTMAR/GRAUPE ist z. B. der konstruierte Fall, dass ein *joint operator* dazu verpflichtet wird, das gesamte Fremdkapital der JO zurückzuzahlen. In diesem Fall weist dieser das Fremdkapital vollständig in seiner Bilanz aus,[187] obwohl er bspw. nur zur Hälfte am Kapital der JO beteiligt ist. Andererseits führt das IASB weiterhin aus, dass die Werte aus der Quotenkonsolidierung erst im Konzernabschluss erscheinen und nicht bereits im Einzelabschluss, wie es bei der quotalen Einbeziehung der Fall ist.[188]

Bezüglich der quotalen Einbeziehung treten hauptsächlich zwei Anwendungsprobleme auf. Zunächst regelt der Standard nicht, wie die gehaltenen Kapitalanteile zu behandeln sind. Nach KÜTING/SEEL ist bei einer JO zur Vermeidung einer Doppelerfassung keine Beteiligung abzubilden, sodass die anteilig übernommenen Vermögenswerte und Schulden die Kapitalanteile ersetzen.[189] Das zweite Problem besteht gemäß KÜTING/WIRTH in der Unklarheit, wie Unterschiedsbeträge, die beim Kauf einer JO entstehen, zu behandeln sind. Während die Quotenkonsolidierung analog zur Vollkonsolidierung durchgeführt wird und somit IAS 27 und IFRS 3 zur Anwendung kommen, stellt sich bei erworbenen *joint operations* die Frage, wie mögliche Unterschiedsbeträge behandelt werden sollen.[190] Nachfolgend werden beide Anwendungsprobleme näher beleuchtet.

3.4.3.2 Kapitalanteile vs. vertraglich vereinbarte Anteile

Wenn sich die vertraglich vereinbarten Anteile vom Kapitalanteil unterscheiden, entstehen Unterschiedsbeträge, die näher betrachtet werden müssen. Voneinander abweichende Anteile können oft vorkommen, wenn ein *joint arrangement* über eine rechtlich selbstständige Einheit begründet wird und den beteiligten Parteien über die vertragliche Vereinbarung oder andere Fakten und Umstände die Rechte an den Vermögenswerten und Pflichten aus den Schulden zustehen.[191] Wie bereits zuvor erwähnt, sollten im deutschen Rechtsraum nur selten gesonderte Vehikel vorkommen, die keine „rechtliche Trennung der Vermögenssphären gewährleisten“[192]. Die Parteien können folglich eine Beteiligungshöhe am Kapital der JO aufweisen, die sich vom vertraglich vereinbarten Anteil unterscheidet. In diesem Fall erfolgt die Bilanzierung der JO anhand der vertraglich vereinbarten Bedingungen und nicht wie bei der Quotenkonsolidierung anhand der Kapitalanteile. KÜTING/SEEL begründen diese Vorgehensweise wie folgt: Es

---

186 Vgl. Küting/Seel (2011), S. 349.

187 Vgl. Dittmar/Graupe (2012), S. 407.

188 Vgl. IFRS 11.BC38.

189 Vgl. Küting/Seel (2011), S. 349; Küting/Seel (2012), S. 593.

190 Vgl. Küting/Wirth (2012), S. 152.

191 Vgl. Küting/Seel (2012), S. 587.

192 Küting/Seel (2012), S. 590.

wird vereinbart, dass der vollständige *output* der JO von den *joint operators* abgenommen wird. Die Abnahme erfolgt anhand von Quoten, die nicht den Kapitalanteilen entsprechen. Die *joint operators* ziehen jedoch nur gemäß ihrem Anteil am *output* „den Nutzen aus den Vermögenswerten und stehen für die Schulden ein."[193] Die Autoren räumen ein, dass abweichende Quoten in der Praxis unüblich sein werden, jedoch sind ihnen auch Situationen bekannt, in denen dies der Fall ist.[194]

Bei der Substitution der Kapitalanteile durch die anteiligen Vermögenswerte und Schulden ergibt sich konsequenterweise eine rechentechnische Aufrechnungsdifferenz, „die keinen Geschäfts- oder Firmenwert bzw. negativen Unterschiedsbetrag (*lucky buy*) repräsentiert."[195] Eine solche Differenz kann wie bereits erwähnt auch im Rahmen der Quotenkonsolidierung entstehen, wenn sich u. a. der Kapitalanteil vom Gewinnanteil unterscheidet und die Konsolidierung gemäß dem Gewinnanteil erfolgen soll. Für diese Konstellation wird ein *Ausgleichsposten für Anteile anderer Gesellschafter* hinzugezogen. Analog dieser Maßnahme kann auch bei einer JO so agiert werden.[196]

Die Veranschaulichung der Vorgehensweise erfolgt in Anlehnung an das folgende Beispiel von Küting/Seel.[197]

A und B gründen eine JO. Beide Parteien sind jeweils mit 2,5 MEUR an dieser beteiligt. Die JO stellt ein Vorprodukt her, das vollständig von A und B kostendeckend abgenommen wird. A bringt sich bspw. durch besonderes Know-how stärker ein und ist gemäß der vertraglichen Vereinbarung zur Abnahme von 60 Prozent des output verpflichtet; B nimmt 40 Prozent ab. Die Bilanzierung erfolgt gemäß der vertraglichen Vereinbarung bei A anteilig mit 60 Prozent und bei B mit 40 Prozent. Die JO bilanziert zum Stichtag Vermögen i. H. v. 10 MEUR. Die Schulden betragen 5 MEUR.

Im Falle des A ergibt sich ein einzubeziehendes Nettovermögen i. H. v. 3 MEUR.[198] *Die Kapitalbeteiligung beträgt jedoch 2,5 MEUR. Es entsteht konsequenterweise eine Differenz von 0,5 MEUR, „die eine Ausgleichsverpflichtung gegenüber anderen Gesellschaftern repräsentiert"*[199] *und somit in den Ausgleichsposten gebucht wird.*

---

193 Küting/Seel (2012), S. 592.

194 Vgl. Küting/Seel (2012), S. 592.

195 Küting/Seel (2012), S. 593.

196 Vgl. Küting/Seel (2012), S. 593.

197 Vgl. Küting/Seel (2012), S. 593 f.

198 10 MEUR x 0,6 - 5 MEUR x 0,6 = 3 MEUR.

199 Küting/Seel (2012), S. 593.

Buchungssatz A:

			Schulden	*3 MEUR*
Vermögen	*6 MEUR*	*an*	*Beteiligung*	*2,5 MEUR*
			Ausgleichsposten	*0,5 MEUR*

Im Falle des B beträgt das einzubeziehende Nettovermögen 2 MEUR.[200] *Im Vergleich zur Kapitalbeteiligung i. H. v. 2,5 MEUR ergibt sich demnach diesmal eine Differenz auf der Aktivseite von 0,5 MEUR. Somit wird ein Anspruch gegenüber anderen Gesellschaftern repräsentiert.*

Buchungssatz B:

Vermögen	*4 MEUR*	*an*	*Schulden*	*2 MEUR*
Ausgleichsposten	*0,5 MEUR*		*Beteiligung*	*2,5 MEUR*

3.4.3.3 Erwerb einer joint operation

IFRS 11 und auch das Begleitmaterial regeln nicht, welche Vorgehensweise gewählt werden soll, wenn eine Partei in eine JO durch den Kauf von Anteilen eintritt.[201] Das IFRIC hat aus diesem Grund eine Aufforderung erhalten, diesen Sachverhalt in Verbindung mit IFRS 3 zu konkretisieren.[202] Das Projekt *Acquisition of an Interest in a Joint Operation* verfolgt das Ziel, IFRS 11 mit Bilanzierungsrichtlinien bzgl. des Erwerbs einer JO zu ergänzen.[203]

Am 13. Dezember 2012 wurde der ED/2012/7 veröffentlicht.[204] Dieser beschreibt die geplanten Anpassungen an IFRS 11, die gemäß den Vorschlägen des IFRIC ausgearbeitet wurden.[205] IFRS 11 soll u. a. durch IFRS 11.21A ergänzt werden, welcher generell auf die Anwendung der in IFRS 3 verankerten Bilanzierungsvorschriften und auf IFRS 11.B33A sowie 11.B33A verweist.[206] Die letzteren Paragraphen enthalten konkrete Vorschriften zur Bilanzierung der gekauften Anteile einer JO. Der Substanz nach geben diese die Vorgehensweise gemäß IFRS 3 wieder. Hierunter fallen bspw. die Bewertung der identifizierbaren Ver-

200 10 MEUR x 0,4 - 5 MEUR x 0,4 = 2 MEUR.

201 Vgl. Küting/Seel (2012), S. 587; Küting/Wirth (2012), S. 152.

202 Vgl. IASB (URL3).

203 Vgl. IASB (URL4).

204 Vgl. IASB (URL5).

205 Die Vorschläge sind in Agenda Paper 8 enthalten und wurden so in den ED aufgenommen, vgl. auch IASB (2012a), S. 16 f. und analog IASB (2012b), S. 7 f.

206 Vgl. IASB (2012b), S. 7.

mögenswerte und Schulden zum beizulegenden Zeitwert, das Aktivierungsverbot der Anschaffungsnebenkosten, die Behandlung von Steuerlatenzen und der Ansatz eines *goodwill*.[207] Die Kommentierungsphase dauert bis April 2013 an.[208] Abbildung 6 zeigt die nächsten Schritte zusammenfassend auf.[209]

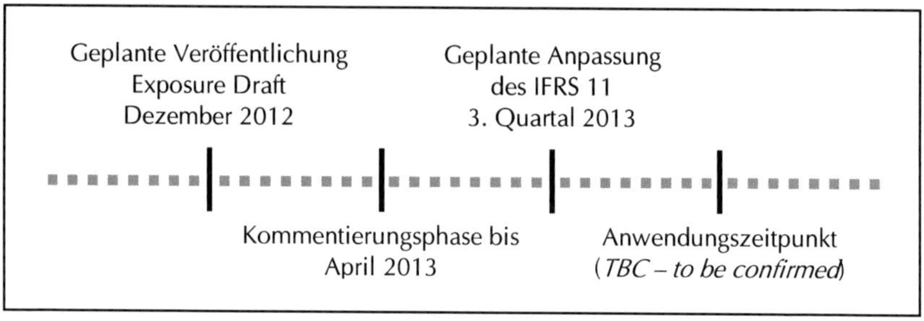

Abbildung 6: Meilensteine des Projekts Erwerb einer joint operation

In Anlehnung an IASB (URL4).

207 Vgl. IASB (2012b), S. 8.

208 Vgl. IASB (2012b), S. 1.

209 Stand 1. Oktober 2012, vgl. IASB (URL4). Die geplante Veröffentlichung des ED im Dezember 2012 wurde folglich eingehalten.

4 KRITISCHE WÜRDIGUNG DES IFRS 11 ANHAND VON COMMENT LETTERS

4.1 Allgemeines

Mit der Veröffentlichung des *ED 9 Joint Arrangements* im September 2007 forderte das IASB dazu auf, Kommentare bzgl. dieser Veröffentlichung bis zum 11. Januar 2008 einzureichen.[210] Zur Auswertung dieser *comment letters* (CL) gibt es hauptsächlich drei Papers: Agenda Paper 10A, 10B und 10C.[211] Das Paper 10C ist nicht veröffentlicht und wird lediglich im 10A erwähnt.[212] Paper 10A stellt eine Zusammenfassung des detaillierten Papers 10B dar.[213] Das nicht veröffentlichte Paper 10C enthält nach eigenen Angaben des IASB genauere Informationen bzgl. der Verteilung nach Kategorien (z. B. Kommentare von Standardsettern, Unternehmen), Branchen oder Ländern.[214] In der Literatur kommt es vor, dass die Gesamtheit der CL herangezogen und ausgewertet wird.[215] Für die Kommentierungsschreiben zum ED 9 existiert bisher keine solche vorwiegend quantitative Studie.

4.2 Ableitung der Methodik anhand vergleichbarer methodischer Vorgehensweisen

Zur Ableitung der methodischen Vorgehensweise in dieser Ausarbeitung werden bereits vorhandene Studien betrachtet. Da diese inhaltlich jeweils eine andere Thematik aufweisen, wird nur die Methodik untersucht, um hieraus Ansätze für die nachfolgende Untersuchung zu generieren.

Die Einreicher der CL werden nachfolgend als CL-Verfasser bezeichnet.[216] Diese werden wiederum in verschiedene Interessengruppen eingeteilt (siehe Tabel-

---

210 Vgl. IASB (2007a), S. 5.

211 Vgl. IASB (2008a), S. 1.

212 Vgl. IASB (URL6) i. V. m. IASB (2008a), S. 1.

213 Vgl. IASB (2008b) für das Agenda Paper 10B.

214 Vgl. IASB (2008a), S. 1.

215 Die Darstellung der methodischen Vorgehensweise von verschiedenen Herangehensweisen wird in Kapitel 4.2 aufgegriffen.

216 Vgl. Kholmy (2011), S. 79; Kholmy/Weiherich (2012), S. 224.

le 2).[217] Diese Einteilung erfolgt für die Analyse, ob sich die Kommentare bzgl. der Interessengruppen unterscheiden.[218] SCHMIDT/THIELE nehmen bspw. bei ihrer Untersuchung zur Leasingbilanzierung keine Unterteilung in Interessengruppen vor. In dieser Ausarbeitung wird unter Vorwegnahme des Ergebnisses eine Unterscheidung vorgenommen. Die Resultate zeigen, dass verschiedene Interessengruppen auch unterschiedliche Ergebnisse liefern.

Interessengruppe	Untergruppen
Unternehmen	Unternehmen und Unternehmensverbände (soweit sie nicht anderen Gruppen zugeordnet werden bspw. Banken im Finanzsektor)
Standardsetter	Nationale Standardsetter; Regierungen, Gesetzgeber sowie zuarbeitende Institutionen[219]
WP-Gesellschaft	-
WP-Verband	-
Finanzsektor	Banken, Bankenverbände, Ratingagenturen, Aufsichtsbehörden und Analysten[220]
Sonstiges	Privatpersonen, Bildungseinrichtungen und nicht zuordenbare CL (bspw. eine Provinz CL 100)

Tabelle 2: Interessengruppen

Unternehmen und *Unternehmensverbände* werden zusammen betrachtet, da die Ergebnisse laut WIELENBERG/BLECHER/PUCHALA miteinander korrelieren.[221] Diese

217 Vgl. Wielenberg/Blecher/Puchala (2007), S. 455; Blecher/Recke/Wielenberg (2009), S. 570. Kholmy (2011), S. 80 und Kholmy/Weiherich (2012), S. 225 lehnen die Aufteilung der CL-Verfasser ebenso an die erstbeiden genannten Quellen an.

218 Vgl. Wielenberg/Blecher/Puchala (2007), S. 455; Blecher/Recke/Wielenberg (2009), S. 570.

219 Vgl. Blecher/Recke/Wielenberg (2009), S. 570.

220 Versicherungen wären abweichend zur vorliegenden Literatur hier angesiedelt gewesen, jedoch gibt es keinen CL-Verfasser, der aus dieser Branche stammt. Zum Beispiel bilden WIELENBERG/BLECHER/PUCHALA und BLECHER/RECKE/WIELENBERG eine eigene Interessengruppe für Versicherungen, vgl. Wielenberg/Blecher/Puchala (2007), S. 455 f.; Blecher/Recke/Wielenberg (2009), S. 570. Diese Vorgehensweise unterbleibt in dieser Arbeit. Die Unterscheidung wird von diesen Autoren aufgrund von unterschiedlichen Geschäftsmodellen zwischen Banken und Versicherungen vorgenommen. Die Autoren untersuchen hauptsächlich Kommentare zu Finanzthemen, sodass eine Unterscheidung relevant ist. Eine Aufteilung spielt jedoch bei der Betrachtung des ED 9 eine untergeordnete Rolle.

221 Vgl. Wielenberg/Blecher/Puchala (2007), S. 456.

Erkenntnis ist nachvollziehbar, da gemäß KHOLMY/WEIHERICH Unternehmen ein Interesse an der einfachen Handhabung von Bilanzierungsvorschriften haben.[222] Es kann davon ausgegangen werden, dass ein Zusammenschluss von Unternehmen dasselbe Interesse verfolgt und somit die Antworten der Unternehmen und Unternehmensverbände homogen sind.

Die Gruppe der *Standardsetter* umfasst u. a. auch das Schreiben des EFRAG[223], sodass hier nicht nur nationale Standardsetter enthalten sind, sondern auch weitere Verfasser wie in Tabelle 2 abgebildet.

Die Gruppen *WP-Gesellschaft* und *WP-Verband* werden nicht aggregiert, sondern getrennt untersucht, da die Gruppen in der Regel andere Interessen verfolgen.[224] Die WP-Gesellschaften betrachten eher die praktische Seite der Veränderungen, während die Verbände durch ihre Beratungstätigkeit mehr den Standardsettern ähneln.[225]

In die Gruppe *Finanzsektor* werden neben den Banken und Bankenverbänden[226] Ratingagenturen, Aufsichtsbehörden und Analysten aufgenommen. Es gibt jeweils ein CL zu Ratingagenturen (CL 94) und Analysten (CL 98), die innerhalb dieser Gruppe betrachtet werden, weil sie neben den Banken auch Adressaten der Rechnungslegung darstellen.[227] Die Aufsichtsbehörden hingegen verfolgen das Interesse, dass der Kapitalmarkt tatsächliche und entscheidungsrelevante Informationen erhält[228] und transparenter[229] wird. BLECHER/RECKE/WIELENBERG gehen bzgl. der Zuordnung von Aufsichtsbehörden ähnlich vor.[230]

Die Interessengruppe *Sonstiges* enthält die restlichen CL, die den anderen Gruppen nicht zugeordnet werden können.

---

222 Vgl. Kholmy/Weiherich (2012), S. 225.

223 Vgl. CL 112.

224 Vgl. Wielenberg/Blecher/Puchala (2007), S. 455 f.; Blecher/Recke/Wielenberg (2009), S. 571.

225 Vgl. Wielenberg/Blecher/Puchala (2007), S. 455 f.; Blecher/Recke/Wielenberg (2009), S. 571.

226 Für die gemeinsame Betrachtung vgl. vorangehende Argumentation zur gemeinsamen Betrachtung von Unternehmen und Unternehmensverbänden.

227 Vgl. Wielenberg/Blecher/Puchala (2007), S. 456 dafür, dass Banken Adressaten der Rechnungslegung darstellen und somit eine Art doppeltes Interesse besitzen. Zum einen bilanzieren sie u. a. selbst nach den Regeln des IFRS und zum anderen bewerten sie Bilanzen, die nach IFRS aufgestellt sind, in ihrer Rolle als Kreditgeber. Ratingagenturen und Analysten analysieren analog die Bilanzen, sodass eine aggregierte Betrachtung gerechtfertigt ist, vgl. hierzu CL 94, S. 1; CL 98, S. 1. Kholmy (2011) weicht von dieser Vorgehensweise ab und betrachtet die Analysten als eine eigenständige Interessengruppe, da in seiner Betrachtung eine „divergente Interessenslage" (Kholmy (2011), S. 80) vorherrscht. Ein solcher Sachverhalt kann bzgl. des ED 9 nicht festgestellt werden.

228 Vgl. CL 6, S. 2.

229 Vgl. CL 114, S. 1.

230 Vgl. Blecher/Recke/Wielenberg (2009), S. 570.

Innerhalb der Gruppe *Unternehmen* wird als eine weitere Analyse die *Branche* der Unternehmen betrachtet. Zur Einteilung in die Branchen werden zum einen die Informationen aus den CL genutzt. Zum Beispiel enthält CL 7 in der Einleitung die Information, dass dieses Unternehmen in der Öl- und Gasförderung tätig ist.[231] Bei fehlender Angabe einer Branche im CL wird die Homepage des Unternehmens herangezogen (u. a. Geschäftsberichte, Selbstvorstellung des Unternehmens), um dieses einer Branche zuzuordnen. Die Analyse wird insbesondere um diese Betrachtung erweitert, weil die US GAAP zwar grundsätzlich die Equity-Methode für *joint ventures* vorschreiben, jedoch hauptsächlich für zwei Bereiche eine Ausnahme einräumen.[232] Hierbei handelt es sich gemäß EITF 00-01 um die *construction* oder *extractive industry*.[233] In Anlehnung an Erchinger/Melcher wird im deutschsprachigen Raum von den Bereichen *Baukonstruktion* oder der *Ausbeutung von natürlichen Bodenschätzen* gesprochen. Regelmäßig zählt hier die Öl- und Gasförderung hinzu.[234] Eine Analyse der Branchen ist unter diesem Gesichtspunkt von Interesse.

Die CL werden ergänzend in *Kontinente* eingeteilt. Wielenberg/Blecher/Puchala veranschaulichen nicht explizit dieses Merkmal, vermerken jedoch Auffälligkeiten.[235] Blecher/Recke/Wielenberg untersuchen hingegen die Kommentare detaillierter bzgl. ihres Herkunftslandes und des zugrunde liegenden Rechtssystems.[236] Kholmy/Weiherich zeigen in ihrer Studie die Verteilung nach Kontinenten auf und kommentieren ebenso Auffälligkeiten.[237] Analog zur letztgenannten Studie wird in dieser Arbeit vorgegangen.

Inhaltsanalyse

Nach der Untersuchung der CL bzgl. der allgemeinen Erhebungsmerkmale erfolgt die Betrachtung des Inhalts. Mit der erstmaligen Vorstellung des ED 9 wurden innerhalb dieses Dokuments zeitgleich auch sechs Fragen veröffentlicht – mit der expliziten Aufforderung bei der Verfassung eines Kommentars auf diese einzugehen.[238] Die hier betrachteten Studien weisen zur Auswertung dieser Fragen unterschiedliche Vorgehensweisen auf. Beispielsweise werden drei Merkmale verwendet. Wenn die Verfasser sich zustimmend äußern, werden diese mit *Pro* eingestuft. Bei einer Ablehnung erfolgt die Kennzeichnung mit *Contra*. Kommentare, die nicht eindeutig dem einen oder anderen zugeordnet werden

[231] Vgl. CL 7, S. 1.
[232] Vgl. Erchinger/Melcher (2008), S. 167.
[233] Vgl. bspw. CL 15, S. 5; Erchinger/Melcher (2008), S. 167.
[234] Vgl. Erchinger/Melcher (2008), S. 171 f.
[235] Vgl. Wielenberg/Blecher/Puchala (2007), S. 455.
[236] Vgl. Blecher/Recke/Wielenberg (2009), S. 571.
[237] Vgl. Kholmy/Weiherich (2012), S. 225.
[238] Vgl. IASB (2007a), S. 5.

können, werden mit *kein klarer Positionsbezug* bewertet.[239] Nach einer quantitativen Auswertung der Merkmalsausprägungen werden manche Argumente herausgegriffen und näher analysiert. Für das nähere Beschreiben dieser Argumente werden beispielhaft CL als Fundstelle angegeben.[240] SCHMIDT/THIELE verwenden hingegen fünf Merkmale zur Einordnung der Fragen: *Zustimmung, Zustimmung mit Einschränkung, Ablehnung, keine eindeutige Position* und *kein Statement*.[241]

Zwei Studien wählen wiederum einen überwiegend quantitativen Ansatz, indem sie zwischen den beiden Merkmalen *Zustimmung* und *Ablehnung* eine Skala einführen, die von eins bis vier reicht (eins für starke Zustimmung und vier für starke Ablehnung).[242] KHOLMY/WEIHERICH vermerken, dass eine Einordnung subjektiv erfolgt.[243] Gerade bei solchen Studien muss demnach eine Subjektivität eingeräumt werden, da die Kommentare nicht immer eindeutig sind und somit einen gewissen Spielraum eröffnen. Eine Auswertung gemäß einer Notenskala und dem dazugehörigen Mittelwert und der Standardabweichung[244] wird hier aus diesem Grund nicht als zielführend erachtet. Die Ausarbeitung lehnt sich folglich überwiegend an die Vorgehensweise von SCHMIDT/THIELE an und verwendet folgende Merkmale: *Zustimmung, teilweise Zustimmung, keine klare Position* und *Ablehnung*.

Eine Auswertung gemäß diesen Merkmalen erfolgt für alle CL, die auch eine Antwort zur betrachteten Frage aufweisen. Bei einer nicht vorhandenen Antwort reduziert sich die Anzahl der ausgewerteten CL, sodass implizit auch das Merkmal *kein Statement* betrachtet wird. Aus diesem Grund unterscheidet sich die Gesamtsumme der CL regelmäßig von der Anzahl der betrachteten CL pro Frage, da Kommentierende evtl. gar nicht oder nur teilweise die Fragen beantworten.[245]

---

239 Vgl. Kholmy (2011), S. 79; Kholmy/Weiherich (2012), S. 224.

240 Vgl. Kholmy/Weiherich (2012), S. 226-231.

241 Vgl. Schmidt/Thiele (2010), S. 255.

242 Vgl. Wielenberg/Blecher/Puchala (2007), S. 456; Blecher/Recke/Wielenberg (2009), S. 570.

243 Vgl. Kholmy/Weiherich (2012), S. 224.

244 Vgl. Wielenberg/Blecher/Puchala (2007), S. 456; Blecher/Recke/Wielenberg (2009), S. 570.

245 Vgl. auch Wielenberg/Blecher/Puchala (2007), S. 456.

4.3 Analyse der comment letters

4.3.1 Vorbemerkungen

Zunächst wird die Grundgesamtheit anhand den allgemeinen Erhebungsmerkmalen vorgestellt. Insgesamt reicht die Nummerierung der CL bis 115.[246] Diese Zahl muss jedoch um die fehlerhaften oder nicht vorhandenen CL reduziert werden. CL 21 und 73 existieren nicht, ebenso fehlt CL 23, obwohl dieser Kommentar zumindest aufgelistet wird, jedoch keinen Anhang aufweist.[247] CL 53 und 69 weisen Anhänge auf, welche jedoch falsch hinterlegt sind und sich nicht auf den ED 9 beziehen.[248] Die Anzahl der auswertbaren CL sinkt somit auf insgesamt 110.[249] Die Auflistung aller CL und die zusammenfassende Auswertungstabelle finden sich in Anlage 3 wieder.[250]

4.3.2 Darstellung der Grundgesamtheit

Im ersten Schritt werden die vorhandenen 110 CL, eingeteilt in ihre Interessengruppen, dargestellt. Abbildung 7 beinhaltet die absoluten Zahlen, die im Balken abgebildet sind, und die relativen Zahlen in Prozent, die sich aus dem Verhältnis zu der Gesamtzahl von 110 CL ergeben.

---

246 Die CL sind unter IASB (URL7) zu finden (Dokumentation erfolgt zudem auf beigelegter CD).

247 Vgl. IASB (URL7).

248 CL 53 soll laut IASB (URL7) ein CL von *Mazars* sein, die angehängte Datei ist jedoch von der *Deutschen Bank* und ein Kommentar zu IAS 39, vgl. CL 53. CL 69 soll laut IASB (URL7) ein CL von *Belgian Bankers and Stockbroking Firms' Association* sein. Der hinterlegte Kommentar ist jedoch von *Mazars* verfasst und thematisiert nicht ED 9, vgl. CL 69.

249 Für eine bessere Nachvollziehbarkeit mit der Veröffentlichung auf der Homepage des IASB wird die Nummerierung nicht angepasst. Weiterhin existiert ein CL ohne Nummerierung – entspricht jedoch dem Inhalt nach CL 10 und wird aus diesem Grund nicht beachtet, vgl. IASB (URL7).

250 Für eine bessere Lesbarkeit wird auf wiederholten Quellenverweis auf Anlage 3 verzichtet.

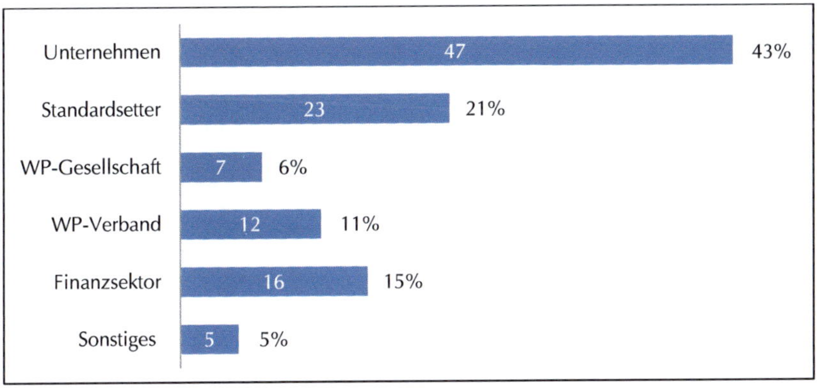

Abbildung 7: Comment letters nach Interessengruppen

Abbildung 7 zeigt den hohen Anteil an CL, die von Unternehmen verfasst wurden. Mit etwa 43 Prozent Beteiligungsquote nimmt diese Gruppe nahezu die Hälfte der gesamten CL ein. Daraus lässt sich ableiten, dass sich die Änderungen durch IFRS 11 verstärkt auf die Unternehmen außerhalb der Finanzbranche auswirken, da diese Gruppe vergleichsweise nur 15 Prozent aufweist. Diese Interpretation kann mit Hilfe von zwei Vergleichen gestützt werden. In der Untersuchung von KHOLMY/WEIHERICH zum *hedge accounting* entsprechen sich die Quoten seitens der Gruppen *Unternehmen* (34 Prozent) und *Banken* (30 Prozent) nahezu.[251] Die Thematik des *hedge accounting* betrifft Banken aufgrund ihres Geschäftsmodells verstärkt, jedoch auch die Unternehmen wegen ihrer Sicherungsgeschäfte.[252] Eine Änderung des Betrachtungswinkels innerhalb des IFRS 9 auf die „Bewertung und Klassifizierung von Finanzinstrumenten"[253] zeigt deutlich, dass Banken hier dominieren. Bereits ohne die Versicherungen nehmen diese mit 38 Prozent den größten Anteil ein, wohingegen die Beteiligung der Unternehmen nur halb so hoch ist (19 Prozent).[254] Der Umgang mit Finanzinstrumenten macht einen bedeutenden Teil des Tagesgeschäfts bei Kreditinstitu-

251 Vgl. Kholmy/Weiherich (2012), S. 225. Bei Hinzurechnung der Versicherungen zu den Banken („Finanzsektor") übersteigt die Anzahl der CL in diesem Bereich die CL der Unternehmen.

252 Kholmy/Weiherich gehen auf die hohe Anzahl an Kommentaren seitens der Gruppe der Banken ein und begründen diese ebenso durch das Tagesgeschäft der Banken und dem hohen Einsatz an derivativen Finanzinstrumenten, vgl. Kholmy/Weiherich (2012), S. 225. Die Gruppe der Unternehmen wird nicht näher kommentiert. Es kann jedoch davon ausgegangen werden, dass Unternehmen aufgrund ihrer Sicherungsgeschäfte (u. a. Zinssicherung; Währungssicherung) ebenso ein großes Interesse daran haben, sich bzgl. des *hedge accounting* zu äußern.

253 Kholmy (2011), S. 79.

254 Vgl. Kholmy (2011), S. 80.

ten aus, während diese Tätigkeit bei Unternehmen außerhalb des Finanzsektors nicht zum Tagesgeschäft gehört.

In Kapitel 4.2 wurde erläutert, dass die Quotenkonsolidierung innerhalb der US GAAP weiterhin bei zwei Branchen zulässig ist. Aus diesem Grund erfolgt auch hier nachfolgend eine Einteilung der CL-Verfasser aus der Gruppe *Unternehmen* in ihre Branchen. Die Interessengruppe *Unternehmen* nimmt mit 47 Kommentaren (43 Prozent) einen bedeutenden Anteil ein, der jedoch um zehn CL-Verfasser bereinigt wird, da es sich hier hauptsächlich um Unternehmensverbände handelt, die branchenübergreifend tätig sind. Weitere sechs CL[255] werden aus der Betrachtung ausgeschlossen, da sie in ihrer Zuordnung die einzigen CL-Verfasser sind und somit keine Aussagekraft besitzen. Branchen, die mindestens zweimal oder öfter vorkommen, werden in Abbildung 8 aufgezeigt (Summe der relevanten CL beträgt 31). Analog zu Abbildung 7 stellen die Zahlen innerhalb der Balken die absoluten Werte dar.

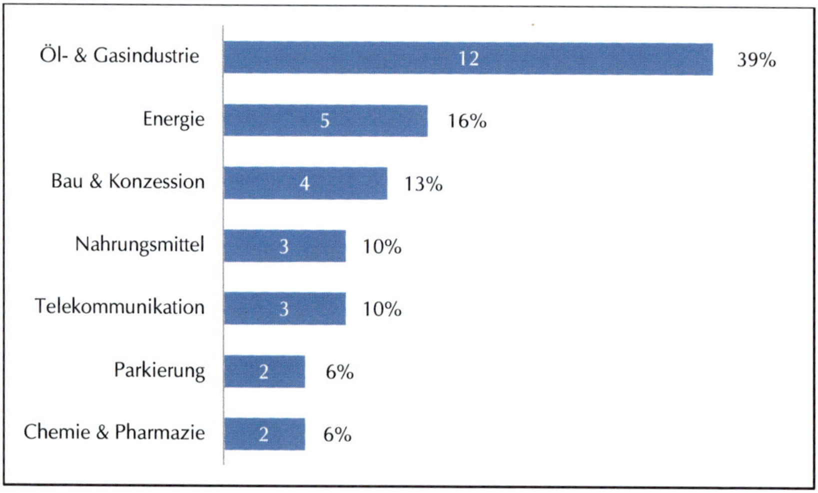

Abbildung 8: Branchenverteilung der Interessengruppe Unternehmen

Die Branche *Öl- & Gasindustrie* enthält ebenso CL 41 und 78, die sich selbst in den Rohstoffsektor einordnen.[256] Die Beteiligung aus diesem Sektor ist mit nahezu 40 Prozent auffallend hoch. Bei gemeinsamer Betrachtung mit den darauf-

255 CL 9, 15, 48, 49, 56, 65.

256 Vgl. CL 41, S. 1; CL 78, S. 1.

folgenden zwei Branchen *Energie* sowie *Bau & Konzession* werden bereits zwei Drittel aller CL abgedeckt. Die Branchen *Öl- & Gasindustrie* sowie *Bau & Konzession* könnten die Ausnahmeregelung nach US GAAP in Anspruch nehmen und machen hier etwas mehr als die Hälfte der Antworten aus (52 Prozent). Es zeigt sich ein auffälliges Muster, das auch für die Analyse der Frage 3 (Abschaffung der Quotenkonsolidierung) relevant ist. Bei dieser Frage wird aus diesem Grund im nachfolgenden Kapitel die Betrachtung erweitert, indem nach der Analyse des Antwortverhaltens der Interessengruppen ebenso das Verhalten der Branchen näher untersucht wird.

Zur abschließenden Betrachtung der Grundgesamtheit werden die CL in Kontinente unterteilt.[257]

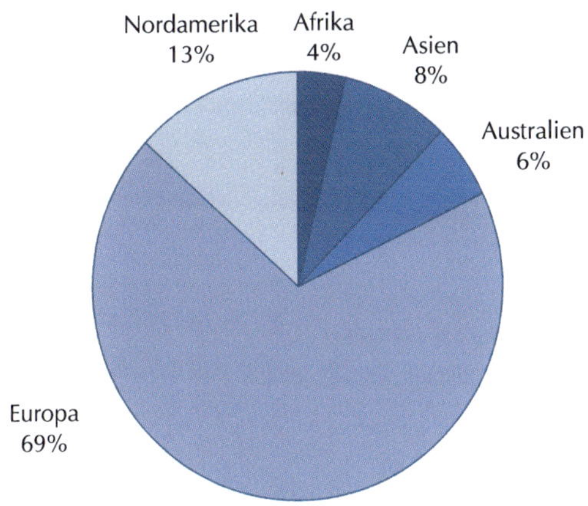

Abbildung 9: Comment letters nach Kontinenten[258]

Abbildung 9 zeigt einen deutlichen Schwerpunkt in Europa. Wiederum stammen 66 der 73 CL aus dem EU-Raum. Ähnliche Ergebnisse sind in der Literatur, durch die verpflichtende Anwendung der IFRS bei kapitalmarktorientierten Konzernabschlüssen in der EU, verbreitet.[259] Die restlichen sieben CL aus Europa

---

257 Die Privatpersonen (CL 1, 2 und 43) werden aus der Betrachtung ausgeschlossen, da die Herkunft nicht eindeutig bestimmt werden kann. CL 15 stellt einen internationalen Verband dar und wird somit auch ausgeschlossen. Die Anzahl der betrachteten CL fällt folglich auf 106.

258 Absolute Zahlen: Gesamt 106, Europa 73, Nordamerika 14, Afrika 4, Asien 9, Australien 6.

259 Vgl. auch Wielenberg/Blecher/Puchala (2007), S. 455; Kholmy/Weiherich (2012), S. 226.

stammen aus der Schweiz (fünf CL) und aus Norwegen (zwei CL)[260]. In der Schweiz sind die Fachempfehlungen zur Rechnungslegung (FER) verpflichtend, wobei eine Befolgung der IFRS auch der Befolgung der FER entspricht. Aus diesem Grund folgen viele Unternehmen bereits seit einem längeren Zeitraum den IFRS.[261] An zweiter Stelle folgt Nordamerika. Überwiegend stammen die CL (11 von 14 CL) aus Kanada, da hier die „vollständigen IFRS für alle öffentlich rechenschaftspflichtigen profitorientierten Unternehmen als kanadische Rechnungslegungsvorschriften ab 2011 übernommen werden sollen."[262] Die CL aus Afrika stammen alle aus Südafrika, wo ebenso bisher ohne Anpassungen und künftig mit möglichen Anpassungen die IFRS übernommen werden.[263] Dieselbe Vorgehensweise gilt für Australien (inkl. Neuseeland), die ebenfalls die IFRS übernehmen und evtl. leicht angepasste Standards veröffentlichen.[264] Aus Asien beteiligen sich die Interessengruppen *Standardsetter* und *WP-Verband*.

260 Für Norwegen gelten die Regelungen analog, denn die Verordnung der EU gilt neben den 27 Ländern der Europäischen Union auch für die drei zusätzlichen Mitgliedsländer des Europäischen Wirtschaftsraumes: Norwegen, Island und Liechtenstein, vgl. Deloitte & Touche (URL1).

261 Vgl. Deloitte & Touche (URL2). CL 30 und CL 54 untermauern diese Aussage. Während das Unternehmen *F. Hoffmann-La Roche* seit 1990 die IFRS anwendet, vgl. CL 30, S. 1, verwendet *Nestlé* diese ebenso seit über 15 Jahren, vgl. CL 54, S. 1. Für viele börsennotierte Unternehmen gelten die IFRS zudem verpflichtend, vgl. Deloitte & Touche (URL2).

262 Deloitte & Touche (URL3). Vgl. auch CL 7, S. 1; CL 81, S. 1; CL 90, S. 1. Aus Mexiko, Jamaika und den USA stammt jeweils ein CL. In Mexiko ist die Übernahme der IFRS ab dem Jahr 2012 für börsennotierte Unternehmen verpflichtend, vgl. Deloitte & Touche (URL4). In Jamaika wurden die IFRS bereits im Juli 2002 übernommen, vgl. Deloitte & Touche (URL5). Der CL-Verfasser aus den USA ist *Goldman Sachs*. Das Unternehmen spricht von den eigenen Tochterunternehmen, welche die IFRS anwenden und von einigen Kunden, vgl. CL 63, S. 1.

263 Vgl. Deloitte & Touche (URL6).

264 Vgl. Deloitte & Touche (URL7 und 8).

4.3.3 Inhaltsanalyse

4.3.3.1 Terminologie

Die einleitende Frage 1 thematisiert die neue Terminologie bzgl. *joint arrangements*. Es erfolgt eine Kurzdarstellung der Änderungen. Es handelt sich hierbei hauptsächlich um die veränderte Definition der drei Arten, die im endgültigen IFRS unter *joint operations* und *joint ventures* zusammengeführt werden.[265] Bei einer ablehnenden Antwort werden die Gründe hierfür erfragt.[266]

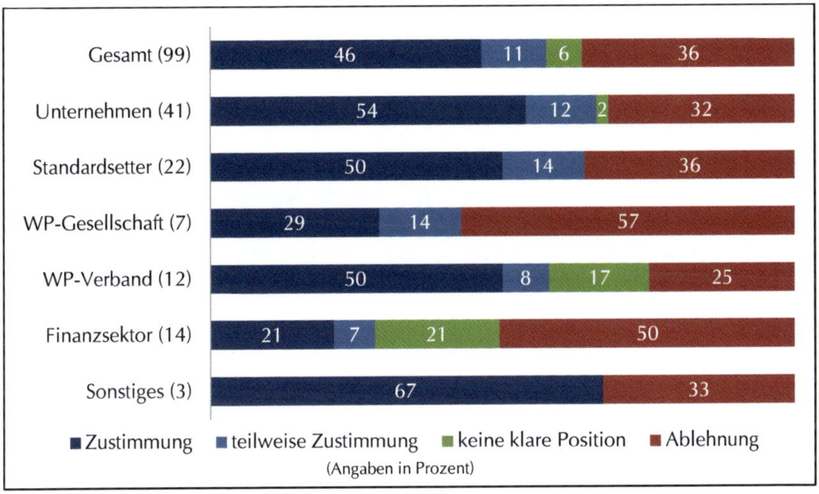

Abbildung 10: Frage 1 – relative Antwortstruktur der Interessengruppen[267]

Abbildung 10 zeigt die Ergebnisse der Datenerhebung.[268] Von insgesamt 110 Kommentaren beantworten 99 die Frage 1 (90 Prozent). 57 Prozent äußern sich (teilweise) zustimmend. Somit ergibt sich mehrheitlich eine positive Einstellung gegenüber der Neudefinition von *joint arrangements*.

---

265 ED 9 beschreibt *joint operations*, *joint assets* und *joint ventures*, vgl. ED 9.3.

266 Vgl. für diese und alle nachfolgenden Fragestellungen IASB (2007a), S. 5 f.

267 Die Zahl in Klammern neben den Bezeichnungen der Interessengruppen steht für die absolute Anzahl an Antworten (gilt analog bei allen nachfolgenden Auswertungen).

268 Vgl. zusammenfassend Anlage 4. Für jede Frage wird eine Anlage erstellt, die zusammenfassend die absoluten und relativen Ergebnisse aufzeigt. Diese Ergebnisse leiten sich stets aus Anlage 3 ab.

Auffallend hoch ist die Ablehnung seitens der WP-Gesellschaften mit 57 Prozent (vier ablehnende CL). Dieses Ergebnis entsteht hauptsächlich durch die generelle Ablehnung[269] von drei CL-Verfassern, da die Stichprobe klein ist und die Interessengruppe sieben Kommentare aufweist.[270] Die Gründe hierfür liegen u. a. in der zu hohen Komplexität[271] oder in der fehlenden Erfüllung des Konvergenzziels mit den US GAAP.[272] Ebenso ist die Hälfte der CL im Finanzsektor ablehnend (sieben CL). Von diesen stammen vier CL (etwa 57 Prozent) aus Frankreich. Aus dieser Gruppe verweist CL 55 u. a. auf CL 64 und stimmt dessen Einstellung zu.[273] Der französische Bankenverband (CL 64) verweist wiederum auf CL 112 (EFRAG, somit nicht aus dem Finanzsektor) und übernimmt dessen Antworten. Der Verband vermerkt in seinem eigenen Schreiben, dass der ED 9 für die französische Bankenbranche von besonderer Bedeutung ist.[274] Die Gründe, die gegen den ED 9 angeführt werden, beziehen sich jedoch nicht auf Frage 1.

4.3.3.2 Bilanzierung anhand von Rechten und Pflichten

Frage 2 und 3 werden unter dem Oberbegriff der Bilanzierung von *joint arrangements* zusammengeführt. Der Überblick der Änderungen beinhaltet das Abkommen von der Rechtsform als hauptsächliches Einstufungskriterium von *joint arrangements* hin zur Klassifizierung anhand von Rechten und Pflichten. Frage 2 ermittelt die Zustimmung bzgl. dieser Vorgehensweise (hier genannt Frage 2a[275]). Bei einer Zustimmung wird weiterhin erforscht, ob der ED 9 zur Erreichung dieses Zieles geeignet ist (hier genannt Frage 2b[276]).

---

269 Es gibt CL, in denen die CL-Verfasser einleitend ihre generelle Ablehnung oder Zustimmung äußern. Regelmäßig bestätigen sie mit ihrem Antwortverhalten ihre generelle Ablehnung bzw. Zustimmung. Manche unterstellen jedoch, dass das Projekt wider ihren Willen fortgesetzt wird und stimmen dann vereinzelt Fragen zu, obwohl sie ED 9 generell ablehnen. In dieser Ausarbeitung werden bei einer generellen Ablehnung bzw. Zustimmung alle Fragen ablehnend bzw. zustimmend beantwortet.

270 Vgl. CL 39, S. 1; CL 61, S. 2; CL 113, S. 1.

271 Vgl. CL 39, S. 1.

272 Vgl. CL 61, S. 2.

273 Vgl. CL 55, S. 1.

274 Vgl. CL 64, S. 1.

275 Vgl. zusammenfassend Anlage 5.

276 Vgl. zusammenfassend Anlage 6.

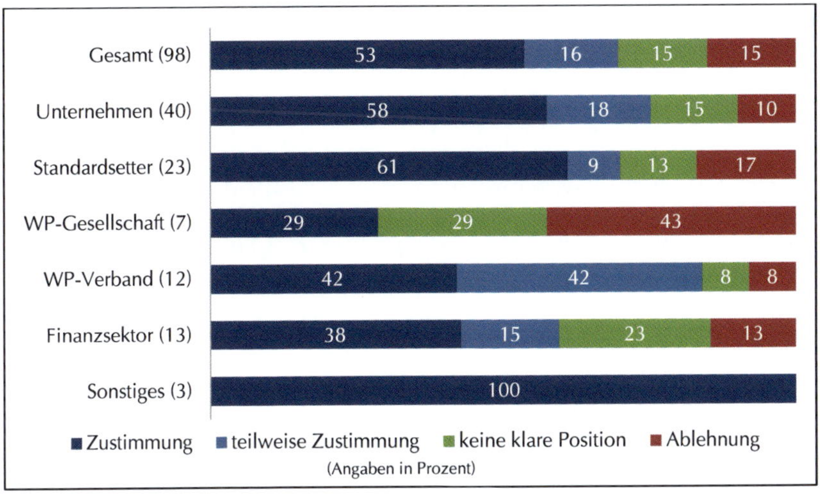

Abbildung 11: Frage 2a – relative Antwortstruktur der Interessengruppen

Abbildung 11 zeigt, dass 98 von 110 CL-Verfassern (89 Prozent) Frage 2a beantworten. In der Summe stimmen 52 CL der vorgeschlagenen Vorgehensweise zu. Diese Frage vereint die geringste absolute Ablehnung mit den Höchstzahlen in den Bereichen *teilweise Zustimmung* und *keine klare Position* gegenüber den anderen Fragen. Die 16 Stimmen, die teilweise ihr Einverständnis abgeben, stammen zum größten Teil aus den Interessengruppen *Unternehmen* und *WP-Verband*. Innerhalb der WP-Verbände ist die Quote der *teilweisen Zustimmung* so hoch wie die Zustimmungen (42 Prozent). CL 50 wünscht sich hier eine genauere Formulierung bzgl. der Rechte und Pflichten.[277] Hauptsächlich stimmen die WP-Verbände den Änderungen eingeschränkt zu, weil sie sich Ergänzungen bzgl. der Definitionen wünschen.[278]

15 Prozent der CL-Verfasser nehmen keine klare Position ein. Die Quote entspricht auch der absoluten Zahl an CL-Verfassern, wovon wiederum fünf (inkl. CL 112) aufgrund des CL 112 keine klare Position einnehmen.[279] CL 112 vertritt diese Ansicht, da für diese zwar auf den ersten Blick eine Ablehnung schwierig ist, eine genaue Betrachtung jedoch aufzeigt, dass die neue Vorgehensweise nicht den Vorgehensweisen bzw. Formulierungen gemäß IAS 38 und IAS 37 ent-

277 Vgl. CL 50, S. 2.

278 Vgl. bspw. CL 74, S. 7; CL 91, S. 3.

279 CL 55, 64, 77 und 105 verweisen mit ihrer Antwort auf CL 112.

spricht.[280] Hier wird zum Beispiel angeführt, dass nach IAS 37 auch faktische Verpflichtungen zum Ansatz kommen,[281] während der ED 9 nur von vertraglich vereinbarten Verpflichtungen spricht.[282]

In der Summe stimmen 53 Prozent aller Verfasser der Frage zu. Diese werden jedoch weiterhin anhand der Frage 2b aufgefordert, darauf einzugehen, ob ED 9 zur Erfüllung dieser Vorgehensweise geeignet ist. Nicht alle CL-Verfasser haben diesen zweiten Teil der Frage beachtet. 71 Prozent[283] gehen explizit darauf ein. Die Auswertung dieser Teilmenge ist in der nachfolgenden Abbildung 12 ersichtlich.

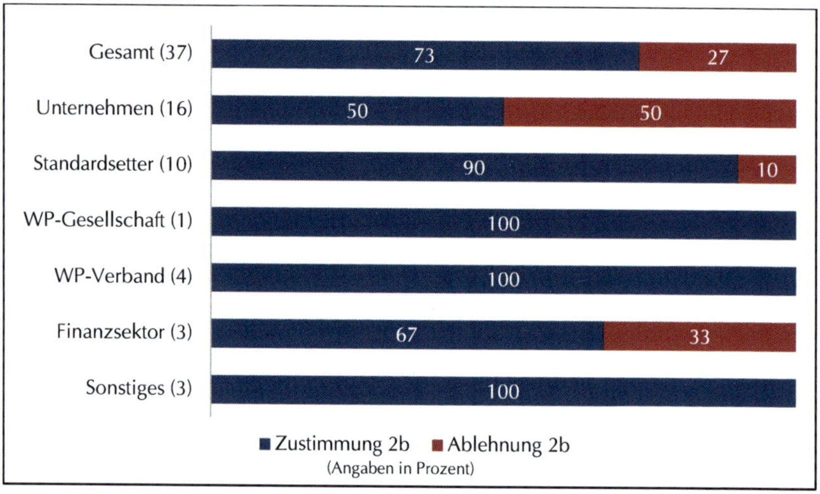

Abbildung 12: Frage 2b – relative Antwortstruktur der Interessengruppen

Insgesamt kann festgehalten werden, dass mehrheitlich auch die zweite Teilfrage zustimmend beantwortet wird. Lediglich bei den Unternehmen ergibt sich eine geteilte Meinung, indem die Hälfte ablehnend antwortet. Bei Betrachtung dieser acht CL ergibt sich bei der Argumentation ein homogenes Bild. Die Verfasser vertreten die Ansicht, dass ein Abkommen von der Rechtsform angestrebt, aber

---

280 Vgl. CL 112, S. 5 f.

281 Vgl. CL 112, S. 6. Faktische Verpflichtungen werden in IAS 37.10 definiert.

282 Vgl. CL 112, S. 6.

283 37 Kommentare von insgesamt 52 zustimmenden Kommentaren.

durch die Fassung des ED 9 nicht vollzogen wird.[284] Durch die verpflichtende Anwendung der Equity-Methode bei JV zweifeln die Unternehmen daran, dass die Abhängigkeit von der Rechtsform in den Hintergrund rückt. Desweiteren beschreibt CL 60 ein Beispiel aus der Baubranche und führt an, dass die Quotenkonsolidierung hierfür besser geeignet sei.[285] CL 71 argumentiert ähnlich, dass die Equity-Methode nicht immer den wahren Gehalt eines JV wiedergibt.[286]

4.3.3.3 Abschaffung der Quotenkonsolidierung

Ein entscheidender Unterschied des ED 9 zum IAS 31 ist die Abschaffung der Quotenkonsolidierung und die verpflichtende Anwendung der Equity-Methode für *joint ventures*. Frage 3 erforscht diese Änderung und fragt nach, ob dieser Vorgehensweise zugestimmt wird. Hierbei wird explizit darauf hingewiesen, dass eine Partei einzelne Vermögenswerte, Schulden, Erträge und Aufwendungen weiterhin ansetzen würde, wenn sie auch Rechte und Verpflichtungen an diesen hat. Die Antwortstruktur der 107 Kommentierenden ist in Abbildung 13 ersichtlich.[287]

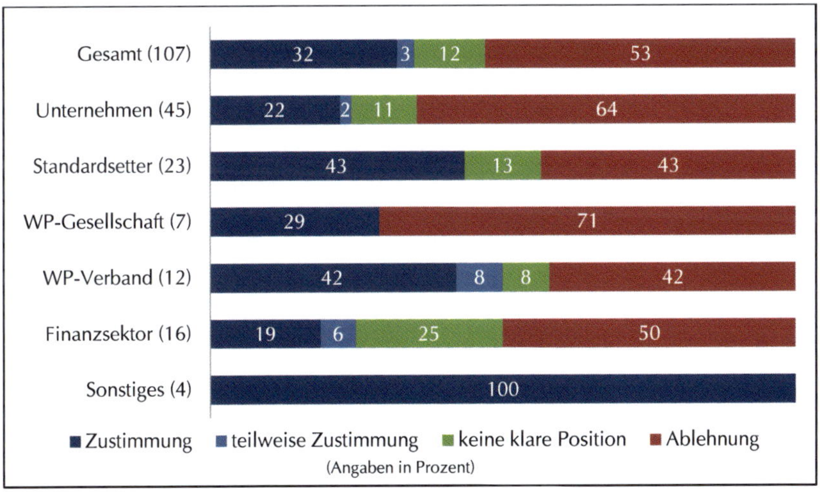

Abbildung 13: Frage 3 – relative Antwortstruktur der Interessengruppen

284 Vgl. bspw. CL 4, S. 3 und CL 46, S. 2.

285 Vgl. CL 60, S. 1.

286 Vgl. CL 71, S. 1.

287 Vgl. zusammenfassend Anlage 7.

Mit 97 Prozent beantworten nahezu alle CL-Verfasser diese Frage. Die Quote steigt, da die Ergebnisse u. a. sechs CL beinhalten, die sich nur zu Frage 3 äußern.[288]

Die Zustimmungsquote ist bei dieser Frage am geringsten. Die positiven Treiber der Quote sind die Standardsetter und die WP-Verbände. Es wird deutlich, dass die Einstellung dieser beiden Gruppen in dieselbe Richtung tendiert. Hierin sind 15 CL-Verfasser enthalten, wovon sechs generell dem ED 9 zustimmen. CL 19 stimmt der Eliminierung der Quotenkonsolidierung in Verbindung mit den Angabepflichten zu.[289] Beispielsweise erwähnt CL 50, dass die Abschaffung von Wahlrechten, wenn Möglichkeiten hierfür bestehen, generell begrüßt wird. Zudem wird erläutert, dass in diesem Fall dies auf die Quotenkonsolidierung zutrifft, da sie nicht mit dem *Framework* vereinbar sei.[290] Auch die Konvergenz mit den US GAAP wird als Argument aufgeführt.[291]

Die Stimmen ohne klare Position sind mit 12 Prozent nicht zu vernachlässigen. Beispielsweise vermerkt CL 7, dass davon ausgegangen wird, dass die Quotenkonsolidierung der quotalen Einbeziehung entspricht. Sie führen hierfür ein Zitat an, das aus dem kanadischen Äquivalent zum ED 9 stammt und explizit die Bilanzierung von JCO und JCA (quotale Einbeziehung) mit der Quotenkonsolidierung gleichsetzt.[292] Ähnlich äußert CL 8, dass nichts dagegen spricht, den Term *proportionate consolidation* zu streichen, da nach der Vorgehensweise gemäß IFRS 11 die Ergebnisse sich nahezu gleichen sollten. Im nächsten Absatz wird erwähnt, dass die Equity-Methode für die Adressaten des Abschlusses nicht transparent ist und nicht die relevanten Informationen enthält.[293] CL 56 bemängelt, dass die Argumente für die Abschaffung der Quotenkonsolidierung nicht überzeugend sind, obwohl das Unternehmen selbst die Equity-Methode verwendet und sich deshalb nicht explizit für oder gegen diese Änderung ausspricht.[294]

Das IASB fordert bei einer ablehnenden Antwort auf, eine Begründung anzugeben. Eine nähere Analyse ist folglich bei der Frage mit der höchsten Ablehnungsquote erforderlich. CL 33 und 37 entsprechen sich im Wortlaut und äußern sich ausschließlich zu Frage 3. Zusammenfassend geben diese zwei CL

---

288 Vgl. CL 1, 24, 33, 37, 59 und 101.

289 Vgl. CL 19, S. 4.

290 Vgl. CL 50, S. 3; CL 45, S. 3. Beide CL führen analog dem IASB als praktisches Beispiel Barbestände auf.

291 Vgl. CL 9, S. 2. Die Konvergenz mit den US GAAP wird zum späteren Zeitpunkt nochmals betrachtet.

292 Vgl. CL 7, S. 2.

293 Vgl. CL 8, S. 2.

294 Vgl. CL 56, S. 3.

nahezu alle Argumente wieder, die gegen die Abschaffung der Quotenkonsolidierung angeführt werden:

- Gemäß dem ED 9.8 verstößt die Quotenkonsolidierung gegen die Definition von Vermögenswerten und Schulden aus dem *Framework*. CL 33 führt auf, dass das *Framework* sich nicht verändert hat, seitdem IAS 31 veröffentlicht wurde. Denn im IAS 31 wird die Quotenkonsolidierung als bevorzugte Variante beschrieben, indem „die Anwendung der Equity-Methode (...) in diesem Standard nicht empfohlen“[295] wird, „da eine Quotenkonsolidierung den tatsächlichen wirtschaftlichen Gehalt der Anteile eines Partnerunternehmens an einem gemeinschaftlich geführten Unternehmen (...) besser abbildet.“[296]
- Die angeglichene Bilanzierung von assoziierten Unternehmen und JV unterliegt der Kritik, dass *joint control* und *significant influence* somit bilanziell dasselbe darstellen,[297] obwohl das IASB selbst explizit bemerkt, dass *significant influence* und *joint control* unterschiedlich sind.[298]
- Die Quotenkonsolidierung stellt im Vergleich zur Equity-Methode mehr und bessere Informationen zur Verfügung.[299]
- Die Equity-Methode oder andere Alternativen wurden keiner Analyse unterzogen.[300] Die CL-Verfasser sind dagegen, die Quotenkonsolidierung abzuschaffen, bevor nicht auf zumindest derselben Weise (ob bspw. die Equity-Methode mit dem *Framework* im Einklang steht) die anderen Methoden auch geprüft wurden.[301]
- Das letzte Argument wird von CL 33 und CL 37 nicht erwähnt. Das Konvergenzziel mit den US GAAP wird nicht erreicht, da wie bereits beschrieben, nach US GAAP die Quotenkonsolidierung für zwei Branchen erlaubt ist und der ED 9 dies nicht vorsieht. CL 4 ist in der *Öl- & Gasindustrie* tätig und erwähnt bei der Ablehnung dieser Frage explizit die Branche. In diesem Rahmen vertritt der Verfasser die Meinung, dass die Quotenkonsolidierung für die Abbildung der JV besser geeignet ist.[302] Die quantitativ hohe

---

295 IAS 31.40.

296 IAS 31.40. Vgl. CL 33, S. 1; CL 37, S. 1; CL 39, S. 5; CL 112, S. 9. CL 16 und 36 erwähnen ebenso, dass der ED 9 die Aussage in IAS 31.40 argumentativ nicht widerlegt, vgl. CL 16, S. 2; CL 36, S. 3.

297 Vgl. CL 33, S. 1; CL 37, S. 1. Sowie CL 6, S. 2; CL 12, S. 4; CL 13, S. 5; CL 26, S. 2; CL 26, S. 2; CL 39, S. 5; CL 66, S. 3; CL 89, S. 6; CL 102, S. 2; CL 112, S. 12.

298 Vgl. ED 9.BC14.

299 Vgl. CL 33, S. 1; CL 37, S. 1. Sowie CL 11, S. 2; CL 15, S. 4; CL 26, S. 2; CL 30, S. 4; CL 76, S. 2; CL 83, S. 2; CL 106, S. 5; CL 112, S. 7 f.

300 Vgl. ED 9.BC4.

301 Vgl. CL 33, S. 2; CL 37, S. 2. Sowie CL 6, S. 2; CL 20, S. 2; CL 30, S 5; CL 62, S. 1; CL 67, S. 2; CL 76, S. 2; CL 91, S. 3 f.; CL 102, S. 2; CL 106, S. 5.

302 Vgl. CL 4, S. 3. Sowie weitere CL, welche die Ausnahmeregelung nach US GAAP anführen: CL 12, S. 1 und 4; CL 13, S. 5; CL 14, S. 4; CL 15; S. 5; CL 16, S. 3; CL 17, S. 2; CL 20, S. 8; CL 26, S. 2;

Nennung dieses Arguments zeigt die Relevanz der anschließenden ergänzenden Betrachtung der Frage 3 in Verbindung mit den Branchen.

Aus der Gruppe *Unternehmen* beantworten 45 die Frage 3. Bei Betrachtung der Ergebnisse für die Branchen sinkt die Stichprobe von 45 auf 29 Unternehmen.[303]

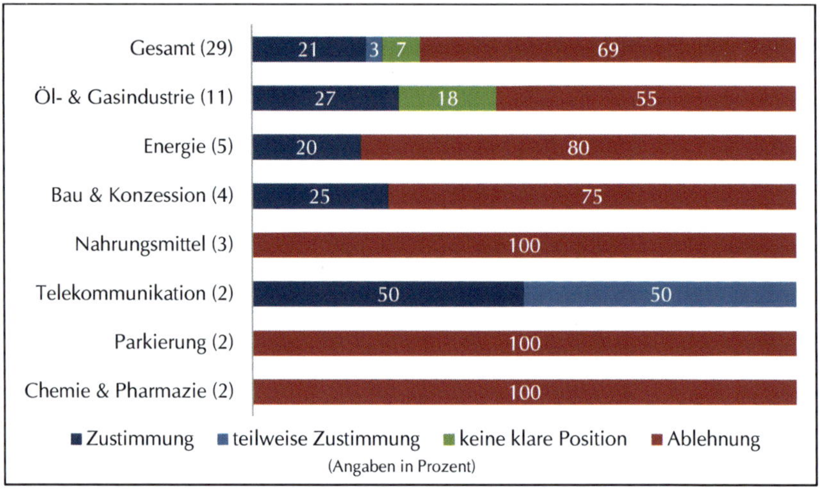

Abbildung 14: Frage 3 – relative Antwortstruktur der Branchen innerhalb der Interessengruppe Unternehmen

Abbildung 14 zeigt auf, dass sich in den relevanten Branchen *Öl- & Gasindustrie* sowie *Bau & Konzession* 15 der 29 Unternehmen wiederfinden; dies entspricht etwa der Hälfte. In beiden Branchen wird die Abschaffung der Quotenkonsolidierung mehrheitlich abgelehnt. Neben dem bereits erwähnten CL 4 (*Öl- & Gasindustrie*) äußert auch CL 12, dass das Unternehmen in der *Öl- & Gasindustrie* tätig ist und neben Paris bis vor kurzem auch in New York börsennotiert war. Aus diesem Grund hat CL 12 Abschlüsse nach IFRS und US GAAP erstellt sowie

CL 30, S. 4; CL 41, S. 1 und 3; CL 42, S. 1; CL 44, S. 2; CL 46, S. 2; CL 55, S. 2; CL 60, S. 2; CL 61, S. 15; CL 62, S. 1; CL 64, S. 2; CL 74, S. 4; CL 77, S. 3; CL 78, S. 3; CL 81, S. 2; CL 88, S. 1; CL 90, S. 1; CL 91, S. 2; CL 97, S. 1; CL 106, S. 5; CL 107, S. 2; CL 112, S. 11 f.; CL 113, S. 9 f.; CL 114, S. 4.

303 Vgl. zusammenfassend Anlage 8. Wie zuvor erläutert werden die branchenübergreifenden Unternehmen und auch die nur einmal vorkommenden Branchen eliminiert.

die Ausnahmeregelung der US GAAP genutzt und die Quotenkonsolidierung angewandt.[304] CL 60 ist in der Baubranche tätig und erwähnt, dass die Quotenkonsolidierung die Tätigkeiten der Branche besser abbildet und er somit für eine analoge Regelung gemäß US GAAP plädiert.[305] Auch der Finanzsektor stellt eine Branche dar und lehnt die Frage 3 zur Hälfte ab (siehe Abbildung 13). Neben den allgemeinen Argumenten stellt sich eine Tatsache speziell für diese Branche heraus. In der Bankbranche werden JV bzgl. des Risikos anhand der Quotenkonsolidierung einbezogen.[306] Die Verfasser vermuten, dass die Abschaffung der Quotenkonsolidierung möglicherweise dazu führen würde, dass die Banken parallel zwei Methoden führen müssen. Zum einen müssen sie nach IFRS 11 die Equity-Methode anwenden und für die Bankenaufsicht evtl. weiterhin die Quotenkonsolidierung.[307]

Bei einer Betrachtung der Branchen stellt sich heraus, dass sich branchenspezifische Äußerungen ergeben. Die US GAAP berücksichtigen solche individuellen Anforderungen, sodass auch hier die Frage aufgeworfen wird, ob die Quotenkonsolidierung abgeschafft werden sollte, bevor nicht eine solche Ausnahmeregelung in Betracht gezogen wurde.

4.3.3.4 Angabepflichten

Die Fragen 4 bis 6 beziehen sich auf die Angabepflichten.[308] Frage 4 untersucht die Zustimmung bzw. Ablehnung bzgl. der Angabepflichten zu *joint arrangements.* Bei einer Ablehnung wird explizit erfragt, ob es zusätzliche Angaben gibt, die nützlich wären. Die letzten beiden Aspekte bzw. Fragen betreffen nicht direkt IFRS 11, werden jedoch zum Zwecke der Vollständigkeit nicht ausgeschlossen. Frage 5 beinhaltet den Aspekt zur Wiederaufnahme der Aufzählungs- und Beschreibungspflicht der signifikanten Tochterunternehmen und assoziierten Unternehmen (im Jahr 2003 wurde diese Anforderung gelöscht und soll nun wieder aufgenommen werden[309]). Die abschließende Frage 6 untersucht, ob Angaben zur Aufteilung in langfristige und kurzfristige Vermögenswerte bzw. Verbindlichkeiten (statt Angaben ohne Unterscheidung in kurz- und langfristig) analog zu *joint arrangements* auch für assoziierte Unternehmen eine bessere

---

304 Vgl. CL 12, S. 1.

305 Vgl. CL 60, S. 2.

306 Vgl. CL 64, S. 2.

307 Vgl. CL 24, S. 2; CL 64, S. 2; CL 88, S. 2.

308 In diesem Bereich verfolgte der ED u. a. folgende Änderungen: Angaben zu der Art von Geschäften, die mit dem JA durchgeführt werden (vgl. ED 9.36 und ED 9.BC22), Anpassung der Angabepflichten für JV an die Angabepflichten für assoziierte Unternehmen gemäß IAS 28 (vgl. ED 9.39-41 und ED 9.BC23), zusammengefasste Angaben zu einzelnen wesentlichen JV und eine aggregierte Angabe für alle sonstigen JV (vgl. ED 9.39(b) und ED 9.BC13), bspw. der Anteil an den Vermögenswerten und Umsätzen.

309 Vgl. CL 30, S. 5.

Darstellung für Adressaten des Abschlusses bieten. Die Anlagen 9 bis 11 beinhalten die Auswertungstabellen und die Interpretation der Fragen 4 bis 6.[310]

4.3.4 Kritische Würdigung

Die kritische Würdigung der Untersuchung wird anhand der Aspekte Reliabilität, Validität und Objektivität vorgenommen. Die Ergebnisse aus der Betrachtung der CL, die beim IASB eingegangen sind,[311] werden in Anlage 3 umfassend dokumentiert.

Eine hohe *Reliabilität* dieser Ergebnisse wird unterstellt, da die CL wiederholt analysiert wurden. Dieselbe Erhebung würde bei einer Wiederholung unter Beibehaltung des Untersuchers und der Informationsquelle dieselben Ergebnisse liefern. Die *Validität* ergibt aus der hohen Anzahl an CL, die der Auswertung zugrunde liegen. Den Argumenten, die gehäuft von verschiedenen CL-Verfassern angeführt werden, muss hierbei ein höherer Validitätsgrad zugeordnet werden, als denen, die vereinzelt genannt werden. Die *Objektivität* ist jedoch eingeschränkt. Wie bereits in Kapitel 4.2 bemerkt, wird die Auswertung der Antworten teilweise subjektiv beeinflusst, wenn eine eindeutige Zuordnung nicht explizit formuliert ist. Ebenso stellen die CL keine wissenschaftlichen Texte dar (teils nicht belegte Argumente seitens der Kommentierenden), sodass auch hier eine gewisse Unsicherheit herrscht (Validität der Argumente leidet ggf. unter der subjektiven Einstellung der CL-Verfasser). Das Kapitel 4 dient der kritischen Würdigung des IFRS 11, und dieses Ziel wird trotz der existierenden Unsicherheiten erfüllt.

---

310 Die vorliegende Arbeit analysiert nicht die Angabepflichten, sodass eine ausführliche Analyse der Antworten an dieser Stelle konsequenterweise nicht erforderlich ist. Die Auffälligkeiten werden zum Zwecke der Vollständigkeit innerhalb der Anlagen erörtert.

311 Anlage 12 beinhaltet die Auswertung zur Erhebung des EFRAG. Die Ausführung erfolgt lediglich in der Anlage, da die Inhalte der Fragebögen weniger Relevanz für diese Arbeit aufzeigen.

5 THEORETISCHE GRUNDLAGEN FÜR DIE EMPIRISCHE UNTERSUCHUNG

5.1 Grundlagen des Ratings

5.1.1 Begriff und Einführung

Ein Rating ist eine Aussage (Benotung) „über die zukünftige Fähigkeit eines Unternehmens zur vollständigen und termingerechten Rückzahlung (Tilgung und Verzinsung) seiner Verbindlichkeiten“[312] mit dem Ziel der „Ermittlung von Ausfallwahrscheinlichkeiten auf der Basis von Unternehmensanalysen.“[313] Neben weiteren Aspekten wird das Rating hauptsächlich von Kennzahlen beeinflusst.[314] Das Rating selbst hat wiederum Auswirkungen auf die Kapitalkosten eines Unternehmens (Erläuterung der Zusammenhänge in Kapitel 5.1.2). Zur Untersuchung dieser Wirkungszusammenhänge wird in Kapitel 6 eine Fallstudie durchgeführt. Hierfür bot die HypoVereinsbank ihre Kooperation an, sodass die Beschreibung der HVB und des dort angewandten Ratings in Kapitel 5.1.3 erfolgt. Abbildung 15 zeigt die hier untersuchten Zusammenhänge graphisch.

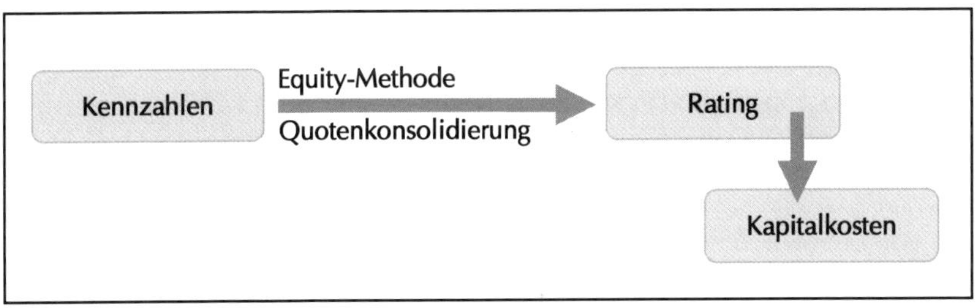

Abbildung 15: Zusammenhang Kennzahlen, Rating und Kapitalkosten

312 Grunow/Figgener (2006), S. 122.

313 Grunow/Figgener (2006), S. 122.

314 Vgl. Kapitel 5.1.3 und für die relevanten Kennzahlen vgl. Kapitel 5.2.

5.1.2 Bedeutung des Ratings

Das Rating bildet die Grundlage für die Kreditvergabe, dessen Veränderung signifikante Auswirkungen auf die Finanzierungskosten eines Unternehmens haben kann. Diese Vermutung wird deutlich, wenn die Bestandteile eines Kreditzinssatzes betrachtet werden. Die Mindestkondition besteht aus vier Komponenten: *Refinanzierungskosten*[315], *Betriebskosten*[316], *Risikokosten* und *Eigenkapitalkosten*.[317]

Der Ausdruck *Risikokosten* steht für die Standardrisikokosten, die einem Kreditnehmer berechnet werden.[318] Es handelt sich hierbei um eine Risikoprämie für erwartete Verluste (*expected loss*), die hierdurch abgefangen werden.[319] Die Ermittlung bei Banken, die ein internes Rating erstellen, erfolgt über die Multiplikation der Ausfallwahrscheinlichkeit mit dem geschätzten ausstehenden Kreditvolumen bei Ausfall und der prognostizierten Verlustquote.[320] Das ausstehende Kreditvolumen bei Ausfall und die prognostizierte Verlustquote (relativer Anteil der Forderung, der im Insolvenzfall wahrscheinlich ausfallen wird[321]) haben praktisch keine Bedeutung für die hier untersuchte Thematik. Die Ausfallwahrscheinlichkeit (*probability of default*; PD) gibt wiederum in Prozent an, wie hoch die Wahrscheinlichkeit ist, dass der Kreditnehmer in den folgenden zwölf Monaten seinen Verpflichtungen nicht nachkommt. Die PD wird anhand des internen Ratingverfahrens ermittelt.[322] Je höher die PD ist, desto höher sind der erwartete Verlust und folglich auch die Standardrisikokosten. Der Zinssatz steigt (fällt) demnach c. p., wenn sich die PD verschlechtert (verbessert).

Die *Eigenkapitalkosten* umfassen die Kosten, die durch die Unterlegung der Kredite mit Eigenkapital für den Kapitalgeber entstehen.[323] Gemäß dem aktuell gültigen Regelwerk (Basel II) müssen Kreditinstitute ihre risikogewichteten Aktiva

---

315 Das ist der Zinssatz, den die kreditvergebende Bank bei einem Alternativgeschäft am Geld- oder Kapitalmarkt erhalten würde, vgl. Schiller/Tytko (2001), S. 213.

316 Hierzu zählen u. a. die Kreditprüfungskosten oder auch die Kreditüberwachungskosten, vgl. Schiller/Tytko (2001), S. 213.

317 Vgl. Schiller/Tytko (2001), S. 213. Der Kapitalgeber berechnet hierauf noch eine Gewinnmarge, vgl. auch Abbildung 17.

318 Vgl. Rolfes (2008), S. 152.

319 Vgl. Rolfes (2008), S. 151. Die Summe aller Kreditnehmer innerhalb einer Bonitätsklasse finanziert durch den Standardrisikokostensatz die tatsächlichen Ausfälle innerhalb dieser Bonitätsklasse, vgl. Schiller/Tytko (2001), S. 123.

320 Vgl. Schiller/Tytko (2001), S. 254; Oehler/Unser (2002), S. 314.

321 Vgl. Rolfes (2008), S. 289.

322 Vgl. Rolfes (2008), S. 291.

323 Vgl. Schiller/Tytko (2001), S. 213.

berechnen und hiervon mindestens acht Prozent mit Eigenkapital unterlegen.[324] Zur Berechnung der risikogewichteten Aktiva sind Kreditinstitute, die ein internes Ratingsystem verwenden, verpflichtet, vorgeschriebene Formeln anzuwenden.[325] Die PD wird in diesen Formeln an verschiedenen Stellen verwendet. Es ist zu prüfen, ob durch eine höhere PD sich auch die risikogewichteten Aktiva (Risikogewicht x ausstehendes Kreditvolumen bei Ausfall[326]) erhöhen und folglich die Eigenkapitalkosten für einen Kredit ansteigen. Hierfür wird Abbildung 16 herangezogen.

Forderungsklasse:	Unternehmenskredite	
LGD:	45%	45%
Restlaufzeit: 2,5 Jahre		
Umsatz (Mio. €)	50	5
PD:		
0,03%	14,44%	11,30%
0,05%	19,65%	15,39%
0,10%	29,65%	23,30%
0,25%	49,47%	39,01%
0,40%	62,72%	49,49%
0,50%	69,61%	54,91%
0,75%	82,78%	65,14%
1,00%	92,32%	72,40%
1,30%	100,95%	78,77%
1,50%	105,59%	82,11%
2,00%	114,86%	88,55%

Abbildung 16: Zusammenhang PD und Risikogewicht

In Anlehnung an Bank für Internationalen Zahlungsausgleich (2006), S. 315.[327]

324 Vgl. Bank für Internationalen Zahlungsausgleich (2006), S. 14. Die Umsetzung erfolgte in Deutschland durch die Solvabilitätsverordnung. Zur Bestimmung dieses Risikos werden zwei Methoden beschrieben. Es gibt den Standardansatz, der auf externen Ratings beruht, und den auf internen Ratings basierenden Ansatz (*Internal Ratings-Based-Approach*, IRB-*approach*). Letzteren gibt es in zwei Versionen, der Basisversion und der fortgeschrittenen Version. Der Unterschied besteht darin, dass in der einfachen Version die Banken nur die Höhe der Ausfallwahrscheinlichkeit (PD) selbst schätzen. Im fortgeschrittenen Ansatz (*Internal Ratings-Based Advanced-Approach*, IRBA-*approach*) schätzt das Institut alle relevanten Risikokomponenten selbst, vgl. Bank für Internationalen Zahlungsausgleich (2006), S. 67.

325 Für die Formeln vgl. Bank für Internationalen Zahlungsausgleich (2006), S. 72.

326 Vgl. Bank für Internationalen Zahlungsausleich (2006), S. 72.

327 LGD ist die englische Abkürzung für die prognostizierte Verlustquote (*loss given default*).

Die beispielhaften Zahlen verdeutlichen den positiven Zusammenhang zwischen der PD und dem Risikogewicht. Bei steigender PD wächst auch das Risikogewicht. Folgerichtig erhöhen sich aufgrund der oben aufgezeigten Formel auch die risikogewichteten Aktiva. In der Konsequenz ergibt sich eine Erhöhung der Eigenkapitalkosten eines Kredites. Die größeren Unternehmen sind hiervon stärker betroffen als die kleineren.

Die Bedeutung des Ratings lässt sich wie folgt zusammenfassen: Das Rating beeinflusst über die PD die Standardrisikokosten und die Eigenkapitalkosten und somit die Fremdkapitalkonditionen eines Unternehmens.[328] Die veränderte bilanzielle Behandlung von *joint ventures* kann somit zu einer positiven oder negativen Veränderung dieser Konditionen führen, wenn die PD hiervon betroffen sein sollte. Aus diesem Grund werden die Auswirkungen durch die Abschaffung der Quotenkonsolidierung anhand eines praktischen Fallbeispiels untersucht. Das nächste Kapitel stellt kurz die Kerndaten des kooperierenden Kreditinstituts dar und erläutert das angewandte HVB-Rating.

5.1.3 Beschreibung HVB und HVB-Rating

Die HVB ist eine Universalbank und ein Teil der UniCredit Group.[329] Per 31.12.2011 weist sie 618 inländische und weitere 19 ausländische Geschäftsstellen auf.[330] Die Bank beschreibt sich selbst als einen der führenden Anbieter von Bank- und Finanzdienstleistungen in Deutschland.[331] Eine Statistik aus dem Jahr 2012 bestätigt diese Einschätzung. Die HVB nimmt bei der Betrachtung der 100 größten Kreditinstitute in Deutschland den fünften Platz ein.[332] Sie ist die Muttergesellschaft der HVB Group, welche folgende Kerndaten aufweist:[333]

- 19.335 Mitarbeiter
- Bilanzsumme etwa 400 Mrd. Euro
- Konzernjahresüberschuss nach Steuern 1,2 Mrd. Euro (hiervon entfallen auf die HVB 1.017 Mio. Euro[334]).

---

[328] Die HVB beschreibt den Einfluss des Ratingergebnisses ähnlich, vgl. Kapitel 5.1.3.

[329] Vgl. UniCredit Bank AG (2012), S. 8. Im November 2005 wurde die HVB zu einem verbundenen Unternehmen der UniCredit S.p.A. in Italien. In 2008 wurde sie zu einer 100prozentigen Tochtergesellschaft. Für nähere Informationen vgl. UniCredit Bank AG (2012), S. 8.

[330] Vgl. UniCredit Bank AG (2012), S. 7.

[331] Vgl. UniCredit Bank AG (2012), S. 9.

[332] Vgl. Kuck (URL), S. 11.

[333] Vgl. HVB Group (2012), S. 3.

[334] Vgl. UniCredit Bank AG (2012), S. 6.

Von dem Konzernjahresüberschuss vor Steuern i. H. v. 2 Mrd. Euro entfallen 1,5 Mrd. Euro auf die Division *Corporate & Investment Banking.*[335] In dieser Division werden Firmenkunden betreut, die mehr als 50 Mio. Euro Umsatz aufweisen. Zu dieser Gruppe zählen 49.400 Firmenkunden.[336] Die Bestimmung der PD für die Kunden der HVB erfolgt nach dem IRBA-*approach*. Das Kreditinstitut verwendet somit ein internes Ratingsystem.[337] Bei Betrachtung der Umsatzhöhe des hier verwendeten fiktiven Fallbeispiels wird deutlich, dass das Beispielunternehmen ebenso zu den Kunden der Division *Corporate & Investment Banking* zählt.[338] Das Mittelstands-Rating der HVB wird folglich angewandt,[339] sodass dieses nachfolgend näher vorgestellt wird.

Dieses Rating setzt sich aus zwei Komponenten zusammen: Zum einen wird die Jahresabschlussbonität ermittelt, die auf den Bilanzdaten beruht (*hard facts*). Zum anderen erfolgt eine Analyse der *soft facts*, wobei verstärkt die Unternehmenssituation betrachtet wird, bspw. Managementqualität.[340] Das Ergebnis dieser Anwendung ist die Ermittlung einer PD, die weiterhin intern einer Bonitätsklasse (1+ bis 8) zugeordnet wird.[341] Relevant sind in der vorliegenden Arbeit die *hard facts*, sodass die Untersuchung auf diese beschränkt wird. Es soll geprüft werden, inwiefern die Bilanzierung anhand der Equity-Methode statt der Quotenkonsolidierung zu einer Verschlechterung oder Verbesserung der Jahresabschlussbonität (PD Jahresabschluss[342]) führt.[343]

Abbildung 17 zeigt das Schema zur Ermittlung des Kundenzinssatzes innerhalb der HVB.

---

335 Vgl. HVB Group (2012). S. 9.

336 Vgl. UniCredit Bank AG (2012), S. 9.

337 Vgl. UniCredit Bank AG (2012), S. 30 f.

338 Bei der Anwendung der Quotenkonsolidierung ergeben sich zum späteren Zeitpunkt 325 Mio. Euro Umsatzerlöse, bei der Equity-Methode 300 Mio. Euro.

339 Für den Begriff Mittelstands-Rating vgl. bspw. HVB-Kundenbonitätsanalyse Produktion, S. 4 (Anlage 14).

340 Vgl. HVB-Kundenbonitätsanalyse Produktion, S. 4 (Anlage 14). Die einführenden Bereiche der Kundenbonitätsanalysen entsprechen sich für die Branchen Produktion (Anlage 14), Handel (Anlage 15), Bau (Anlage 16) und Dienstleistung (Anlage 17).

341 Vgl. HVB-Kundenbonitätsanalyse Produktion, S. 4 (Anlage 14).

342 Vgl. HVB-Kundenbonitätsanalyse Produktion, S. 4 (Anlage 14).

343 Die quotale Einbeziehung stellt keinen Teil der Fallstudie dar. Nach der ausführlichen Darstellung in Kapitel 3.4.3 kann unterstellt werden, dass die PD bei Anwendung der quotalen Einbeziehung nicht weit von der PD bei Anwendung der Quotenkonsolidierung abweichen dürfte.

Refinanzierungskosten + Risikokosten* + Eigenkapitalkosten**
Mindestzinssatz + Marge
Kundenzinssatz

Abbildung 17: Schema zur Berechnung des Kundenzinssatzes

In Anlehnung an HVB-Kundenbonitätsanalyse Produktion, S. 21 (Anlage 14).

Die HVB erläutert zudem die beiden gekennzeichneten Posten Risikokosten[344] und Eigenkapitalkosten folgendermaßen:

„* Erwarteter Verlust auf Basis tatsächlich eingetretener Kreditausfälle

** Gemäß Basel II: Differenzierte Eigenkapitalanforderungen an Banken für Kreditrisiken mit Unternehmen"[345]

Das Kreditinstitut vermerkt analog den theoretischen Erkenntnissen in Kapitel 5.1.2 die Abhängigkeit dieser beiden Komponenten vom Ratingergebnis.[346]

Das Mittelstands-Rating der HVB ist angepasst an verschiedene Modelle, die eine Aggregation verschiedener Branchen darstellen. Hierbei wird in vier Kategorien unterschieden: *Produktion*, *Handel*, *Bau* und *Dienstleistung*.[347] Aus diesem Grund wird die PD für den Jahresabschluss in Kapitel 6 auch nach Branchen differenziert ermittelt. Das nächste Kapitel stellt die branchenspezifischen Kennzahlen vor, die bei der Analyse ausschlaggebend sind.

---

344 Die Risikokosten entsprechen den Standardrisikokosten (wird aus der Erläuterung deutlich).

345 HVB-Kundenbonitätsanalyse Produktion, S. 22 (Anlage 14).

346 Vgl. HVB-Kundenbonitätsanalyse Produktion, S. 22 (Anlage 14).

347 Vgl. HVB-Kundenbonitätsanalyse Produktion, S. 4 (Anlage 14).

5.2 Relevante branchenspezifische Kennzahlen

Aus den Anlagen 14 bis 17 wird ersichtlich, dass die Kennzahlen der Produktion mit der Nummer 31, Handel mit 32, Bau mit 33 und Dienstleistung mit 34 abgegrenzt werden. Die gemeinsame Kennzahl aller vier Modelle besteht in der Finanzaufwandsquote, die mit dem Zusatz 31-34 versehen ist. Folglich ist sie bei allen Modellen auf dieselbe Weise definiert.[348] Abbildung 18 gibt einen Überblick über die branchenspezifischen Kennzahlen, die in Kapitel 6 für die Ermittlung des Ratings zugrunde gelegt werden.

Produktion	Handel	Bau	Dienstleistung
· Verschuldungsgrad · Kurzfristiger Kapitalumschlag · Betriebsleistungsrentabilität · Finanzaufwandsquote	· Schuldendienstfähigkeit · Kreditorenlaufzeit · WEK-Quote · Finanzaufwandsquote	· Erweiterte Schuldendienstfähigkeit · Fremdkapitalstruktur · Schuldendienstfähigkeit · Finanzaufwandsquote	· Personalaufwandsquote · Verschuldungsgrad · Kurzfristiger Kapitalumschlag · Liquidität · Finanzaufwandsquote

Abbildung 18: Überblick über die branchenspezifischen Kennzahlen

In Anlehnung an HVB-Kundenbonitätsanalysen Produktion (Anlage 14), Handel (Anlage 15), Bau (Anlage 16) und Dienstleistung (Anlage 17), jeweils S. 13.[349]

---

348 Vgl. HVB-Kundenbonitätsanalysen Produktion (Anlage 14); Handel (Anlage 15); Bau (Anlage 16); Dienstleistung (Anlage 17); jeweils S. 13. Beispielsweise haben die Modelle Produktion und Dienstleistung die Kennzahlen *Verschuldungsgrad* und *Kurzfristiger Kapitalumschlag* gemeinsam, die jedoch auf unterschiedliche Weise berechnet werden. Analog weisen Handel und Bau auf den ersten Blick dieselbe Kennzahl *Schuldendienstfähigkeit* auf.

349 Für die Definitionen der Kennzahlen vgl. HVB-Kundenbonitätsanalysen Produktion (Anlage 14), S. 22-25; Handel (Anlage 15), S. 22-25; Bau (Anlage 16), S. 22-25; Dienstleistung (Anlage 17), S. 23-27.

6 UNTERSUCHUNG DER AUSWIRKUNGEN AUF DIE UNTERNEHMENSBONITÄT ANHAND EINER FALLSTUDIE

6.1 Grundlagen für die Fallstudie

6.1.1 Ausgangssituation

Zur Untersuchung der Auswirkungen auf die Unternehmensbonität wird ein Fallbeispiel konstruiert. Hierbei werden für eine optimale Veranschaulichung die Bilanz- und GuV-Posten aggregiert dargestellt.[350] Es liegt folgende Ausgangssituation vor: Die M-AG (Muttergesellschaft) erwirbt zum Zeitpunkt 01.01.t_0 50 Prozent der Anteile an der JV-GmbH (JCE nach IAS 31 bzw. JV nach IFRS 11[351]) zu einem Kaufpreis von 8 MEUR. Es liegen folgende aufeinander abgestimmte IAS-II-Bilanzen für die M-AG (Abbildung 19) und die JV-GmbH (Abbildung 20) vor:

Aktiva	IAS-II-Bilanz M-AG (MEUR)		Passiva
Sonstiges Anlagevermögen[352]	30	Sonstiges Eigenkapital[353]	40
Beteiligungen	8	Jahresüberschuss[354]	0
Umlaufvermögen	62	Sonstige Passiva	60
	100		100

Abbildung 19: IAS-II-Bilanz der M-AG 01.01.t_0

350 Eine aggregierte Eingabe in das System der HVB ist nicht möglich und auch nicht zielführend, vgl. Kapitel 6.2.1. Zur weiteren Komplexitätsreduktion wird die Betrachtung von latenten Steuern ausgeschlossen, da in diesem Fallbeispiel nur geringe Vorgänge existieren, die eine Steuerlatenz verursachen würden.

351 Im Folgenden wird aus Vereinfachungsgründen stets von einem JV gesprochen.

352 Das gesamte Anlagevermögen umfasst das sonstige Anlagevermögen sowie die Beteiligungen.

353 Das gesamte Eigenkapital umfasst das sonstige Eigenkapital sowie den Jahresüberschuss.

354 Zum 01.01.t_0 existiert noch kein auszuweisender Jahresüberschuss, da das Kalenderjahr dem Geschäftsjahr entspricht.

Aktiva	IAS-II-Bilanz JV-GmbH (MEUR)		Passiva
Sonstiges Anlagevermögen	18	Sonstiges Eigenkapital	10
Beteiligungen	0	Jahresüberschuss	0
Umlaufvermögen	12	Sonstige Passiva	20
	30		30

Abbildung 20: IAS-II-Bilanz der JV-GmbH 01.01.t_0

Bei der Gegenüberstellung der Buch- und Zeitwerte der Vermögenswerte und Verbindlichkeiten der JV-GmbH ergeben sich stille Reserven in Höhe von 4 MEUR im sonstigen Anlagevermögen (siehe Tabelle 3).

Bilanzposten	Buchwert	Zeitwert	stille Reserve
Grundstücke	6 MEUR	8 MEUR	2 MEUR
Maschinen	6 MEUR	8 MEUR	2 MEUR

Tabelle 3: Stille Reserven der JV-GmbH 01.01.t_0

Die Maschinen weisen eine Restnutzungsdauer von vier Jahren auf. Demgegenüber existieren keine stillen Lasten. Zum 31.12.t_0 wird die erfolgswirksame Folgekonsolidierung durchgeführt. Die Werte der Bilanzen und GuV sind nahezu identisch mit denen vom 01.01.t_0. Diese Vorgehensweise wird in Anlehnung an BAETGE/KIRSCH/THIELE gewählt, welche lediglich im Folgejahr den Jahresüberschuss gesondert vom sonstigen Eigenkapital ausweisen.[355] Die sonstigen Passiva haben sich annahmegemäß genau um die Höhe des erwirtschafteten Jahresüberschusses vermindert, sodass sich die Bilanzsumme nicht verändert.[356] Auf der Aktivseite liegt die wirtschaftliche Begründung in der Annahme, dass in Höhe der Abschreibungen im Anlagevermögen bzw. Abgänge im Umlaufvermögen Vermögenswerte angeschafft wurden.

---

355 Der gesonderte Ausweis erfolgt in dieser Ausarbeitung abweichend zu Baetge/Kirsch/Thiele (2011) bereits zum 01.01.t_0.

356 Vgl. Baetge/Kirsch/Thiele (2011), S. 186.

In der Bilanz der M-AG wird zum 31.12.t_0 ein Jahresüberschuss in Höhe von 10 MEUR ausgewiesen (siehe Tabelle 4). Dementsprechend fällt die Summe der sonstigen Passiva auf 50 MEUR (zuvor 60 MEUR).

Umsatzerlöse	300 MEUR
+ diverse Erträge	5 MEUR
- diverse Aufwendungen	295 MEUR
Jahresüberschuss	10 MEUR

Tabelle 4: GuV der M-AG 31.12.t_0

Gemäß der nachfolgenden Tabelle 5 erwirtschaftet die JV-GmbH einen Jahresüberschuss von 5 MEUR im Jahr t_0.

Umsatzerlöse	50 MEUR
+ diverse Erträge	1 MEUR
- diverse Aufwendungen	46 MEUR
Jahresüberschuss	5 MEUR

Tabelle 5: GuV der JV-GmbH 31.12.t_0

Die sonstigen Passiva der JV-GmbH reduzieren sich folglich von 20 MEUR auf 15 MEUR. Stattdessen wird der Jahresüberschuss in Höhe von 5 MEUR in der Bilanz ausgewiesen.

6.1.2 Konzernabschluss anhand der Quotenkonsolidierung

In der Ausgangssituation wurden bereits vereinheitlichte Bilanzen gezeigt, sodass hier direkt die IAS-III-Bilanz für die JV-GmbH erstellt werden kann.

Buchungssatz Aufdeckung stille Reserven 01.01.t_0:

Sonstiges Anlagevermögen 4 MEUR an Sonstiges Eigenkapital 4 MEUR

Aktiva	IAS-III-Bilanz JV-GmbH (MEUR)		Passiva
Sonstiges Anlagevermögen	22	Sonstiges Eigenkapital	14
Beteiligungen	0	Jahresüberschuss	0
Umlaufvermögen	12	Sonstige Passiva	20
	34		34

Abbildung 21: IAS-III-Bilanz der JV-GmbH 01.01.t_0

Da der Anteil an der JV-GmbH 50 Prozent beträgt, werden die Werte aus Abbildung 21 zur Hälfte in das nachfolgende Konsolidierungstableau übernommen.

Zeitpunkt 01.01.t_0	M-AG IAS-II	JV-GmbH IAS-III	Summen-bilanz	Konsolidierungsspalte		Konzern-bilanz
				Soll	Haben	
Aktiva						
Goodwill				1		1
Sonstiges AV	30	11	41			41
Beteiligungen	8	0	8		8	0
UV	62	6	68			68
Summe Aktiva	**100**	**17**	**117**			**110**
Passiva						
Sonstiges EK	40	7	47	7		40
Jahresüberschuss	0	0	0			0
Sonstige Passiva	60	10	70			70
Summe Passiva	**100**	**17**	**117**			**110**
GuV						
Umsatzerlöse						
div. Erträge						
div. Aufwendungen						
Jahresüberschuss						

Tabelle 6: Konsolidierungstableau 01.01.t_0 (Quotenkonsolidierung)

In Anlehnung an Baetge/Kirsch/Thiele (2011), S. 322 und Küting/Weber (2012), S. 574 mit eigenen Zahlen.

Das neubewertete Eigenkapital beträgt 14 MEUR, wovon 7 MEUR auf die M-AG entfallen. Die Differenz zu den Anschaffungskosten beträgt 1 MEUR und wird, wie in Tabelle 6 ersichtlich, als *goodwill* ausgewiesen.

Zum 31.12.t_0 werden die stillen Reserven planmäßig abgeschrieben. Die Höhe (0,5 MEUR) ergibt sich durch die Division der in den Maschinen enthaltenen stillen Reserven (2 MEUR) durch die Restnutzungsdauer (4 Jahre).

Fortschreibung der stillen Reserven zum 31.12.t_0

diverse Aufwendungen	0,5 MEUR	an	Sonstiges Anlagevermögen	0,5 MEUR

Die diversen Aufwendungen erhöhen sich somit auf 46,5 MEUR, und der Jahresüberschuss sinkt auf 4,5 MEUR (vgl. mit Tabelle 5). Das sonstige Anlagevermögen fällt auf 21,5 MEUR (vgl. mit Abbildung 21). Die Werte (50 Prozent) der JV-GmbH werden in das Tableau für den 31.12.t_0 (siehe Tabelle 7) übernommen.

Zeitpunkt 31.12.t_0	M-AG IAS-II	JV-GmbH IAS-III	Summen-bilanz	Konsolidierungsspalte		Konzern-bilanz
				Soll	Haben	
Aktiva						
Goodwill				1 (1)[357]		1
Sonstiges AV	30	10,75	40,75			40,75
Beteiligungen	8	0	8		8 (1)	0
UV	62	6	68			68
Summe Aktiva	**100**	**16,75**	**116,75**			**109,75**
Passiva						
Sonstiges EK	40	7	47	7 (1)		40
Jahresüberschuss	10	2,25	12,25			12,25
Sonstige Passiva	50	7,5	57,5			57,5
Summe Passiva	**100**	**16,75**	**116,75**			**109,75**
GuV						
Umsatzerlöse	300	25	325			325
div. Erträge	5	0,5	5,5			5,5
div. Aufwendungen	295	23,25	318,25			318,25
Jahresüberschuss	**10**	**2,25**	**12,25**			**12,25**

Tabelle 7: Konsolidierungstableau 31.12.t_0 (Quotenkonsolidierung)

In Anlehnung an Baetge/Kirsch/Thiele (2011), S. 322 und Küting/Weber (2012), S. 574 mit eigenen Zahlen.

Der *goodwill* wird nicht planmäßig abgeschrieben, und die Gründe für ein *impairment* liegen nicht vor. Weitere Konsolidierungsmaßnahmen sind nicht erforderlich. Demnach werden diese Werte für die Ermittlung des Ratings verwendet.

---

357 (1): Wiederholung der Erstkonsolidierung vom 01.01.t_0.

6.1.3 Konzernabschluss anhand der Equity-Methode

Der Equity-Wert entspricht zum 01.01.t_0 den Anschaffungskosten und beträgt somit 8 MEUR. Die Ausgangsbilanz der M-AG ändert sich bzgl. der Werte nicht. Es erfolgt lediglich eine Umbuchung der Beteiligungen in einen abweichend bezeichneten Bilanzposten (Anteile an JV).[358] Für die Folgebewertung werden die relevanten Daten aus dem Ausgangsbeispiel nachfolgend in Abbildung 22 zusammengetragen.

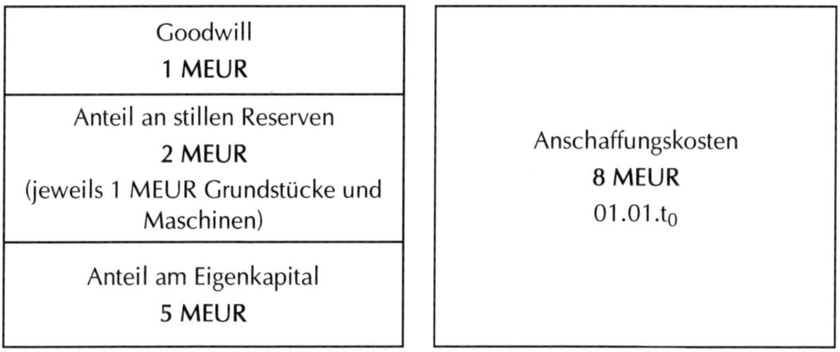

Abbildung 22: Aufteilung der Anschaffungskosten (Equity-Methode)

Für die Entwicklung des Eigenkapitals im Zeitraum 01.01.t_0 bis 31.12.t_0 ergeben sich folgende relevante Veränderungen: Die JV-GmbH erwirtschaftet einen Jahresüberschuss von 5 MEUR, wovon 50 Prozent auf die M-AG entfallen und den Equity-Wert somit um 2,5 MEUR erhöhen. Die Abschreibung der stillen Reserven vermindert den Wert um 0,25[359] MEUR.

[358] Da das Ratingsystem lediglich die Posten Beteiligungen und Anteile an verbundenen Unternehmen unterscheidet, wird an dieser Stelle auf die notwendigen Umbuchungen verzichtet. Der Equity-Wert wird im System unter Anteile an verbundenen Unternehmen eingegeben und hier als Beteiligungen an JV bezeichnet.

[359] Maschine: 1 MEUR / 4 Jahre = 0,25 MEUR pro Jahr.

Fortschreibung des Equity-Werts zum 31.12.t_0:

Beteiligungen an JV 2,25 MEUR an diverse Erträge[360] 2,25 MEUR

Die diversen Erträge schlagen sich somit in der GuV analog zur Quotenkonsolidierung nieder. Für beide Methoden resultiert ein Konzernjahresüberschuss von 12,25 MEUR. Für die M-AG ergibt sich zum 31.12.t_0 die in Abbildung 23 bzw. in Tabelle 8 dargestellte Konzernbilanz bzw. GuV.

Aktiva	**Konzernbilanz M-AG (MEUR)**		Passiva
Sonstiges Anlagevermögen	30	Sonstiges Eigenkapital	40
Beteiligungen	10,25	Jahresüberschuss	12,25
Umlaufvermögen	62	Sonstige Passiva	50
	102,25		102,25

Abbildung 23: Konzernbilanz der M-AG 31.12.t_0 (Equity-Methode)

Umsatzerlöse	300 MEUR
+ diverse Erträge	7,25 MEUR
- diverse Aufwendungen	295 MEUR
Jahresüberschuss	12,25 MEUR

Tabelle 8: Konzern-GuV der M-AG 31.12.t_0 (Equity-Methode)

Für die Ermittlung des Ratings dienen bei Verwendung der Equity-Methode die dargestellten Werte als Grundlage.

360 Die Eingabe im Ratingsystem der HVB erfolgt unter „Erträge aus Beteiligungen", vgl. bspw. Ergebnisse Produktion, S. 4 von 8 (Anlage 18). Die Anlagen 18-21 geben die Ergebnisse für die betrachteten vier Branchen wieder. Die erste Seite der Datei stellt zusammenfassend die Kennzahlen dar und wird als S. 1 von 1 bezeichnet. Anschließend folgen acht Seiten, die mit bspw. S. 1 von 8 bezeichnet werden. Diese zeigen die Eingaben ins System und weitere Kennzahlen.

6.2 Wesentliche Unterschiede zwischen den Konzernabschlüssen

6.2.1 Vorbemerkungen

Anlage 22 zeigt die Aufbereitung der Zahlen für die Eingabe im Mittelstands-Ratingsystem der HVB. Eine aggregierte Eingabe bspw. wie in Abbildung 23 ist nicht möglich und auch nicht zielführend. Aus diesem Grund werden grundlegende Posten eingegeben. Für eine realitätsnahe Aufteilung der Zahlen der M-AG werden Relationen für die einzelnen Posten der Bilanz und der GuV gebildet, die sich an einen tatsächlichen Konzernabschluss anlehnen.[361] Die Aufteilung der Zahlen für die JV-GmbH erfolgt ähnlich, jedoch ohne eine direkte Orientierung an den errechneten Quoten. In den Anlagen 18 bis 21 zeigen jeweils die Zahlen für *12/2010* die Ergebnisse bei Anwendung der Quotenkonsolidierung, während die von *12/2011* die Equity-Methode darstellen.

6.2.2 Vergleich der Konzernabschlüsse

6.2.2.1 Modell Produktion

Eine Zusammenfassung der Ergebnisse erfolgt in Tabelle 9. Für eine bessere Veranschaulichung wird die Darstellungsweise gegenüber den Unterlagen der HVB leicht abgeändert.

---

361 Vgl. Förch Holding GmbH (2011) für den Konzernabschluss 2010. Der Abschluss ist öffentlich zugänglich und wurde willkürlich ausgewählt. In Anlage 22 sind die zugrunde gelegten Anteile neben den Postenbezeichnungen ersichtlich.

Kennzahl	Quotenkonsolidierung	Equity-Methode
Betriebsleistungsrentabilität 31	0,09	0,09
Kurzfristiger Kapitalumschlag 31	18,57	21,43
Finanzaufwandsquote 31-34	0,08	0,08
Verschuldungsgrad 31	0,25	0,23
Jahresabschlussbonität	**4+**	**3-**
PD	1,2%	0,87%

Tabelle 9: Ergebnisse Kennzahlen, Bonitätsklasse und PD (Produktion)

In Anlehnung an HVB-Kundenbonitätsanalyse Produktion, S. 13 (Anlage 14) und Ergebnisse Produktion, S. 1 von 1 (Anlage 18).

Die *Betriebsleistungsrentabilität* verändert sich bei diesem Modell nicht, jedoch ist dieses Ergebnis evtl. auf die Größe oder Struktur der JV-GmbH zurückzuführen. Denn bei Betrachtung der Definition zeigt sich, dass im Nenner hauptsächlich der Umsatz ausschlaggebend ist. Bei Anwendung der Quotenkonsolidierung ist der Umsatz durch die anteilige Übernahme höher als bei der Equity-Version. Im Zähler befindet sich im Gegenzug der EBITDA („operatives Ergebnis (...) vor Zinsen, Steuern und Abschreibungen sowie ohne a. o. Ergebnis“[362]), zudem u. a. das Beteiligungsergebnis hinzugerechnet wird. Annahmegemäß wird festgehalten, dass die Zähler sich bei beiden Varianten gleichen.[363] Die Betriebsleistungsrentabilität muss folglich c. p. bei Abschaffung der Quotenkonsolidierung steigen, da der Nenner (Umsatz) stärker schrumpft als der Zähler (EBITDA plus u. a. Beteiligungsergebnis).

Der *kurzfristige Kapitalumschlag* verbessert sich und ist ein positiver Treiber für das Gesamtergebnis.[364] In diesem Fallbeispiel entsteht die Verbesserung dadurch, dass die kurzfristige Verschuldung (Nenner) des Konzerns abnimmt, wenn die Equity-Methode zum Einsatz kommt. Der Wegfall der anteiligen Umsatzerlöse der JV-GmbH im Zähler reduziert den positiven Effekt. In der Summe verbessert sich die Kennzahl dennoch deutlich. Der kurzfristige Kapitalumschlag

362 HVB-Kundenbonitätsanalyse Produktion, S. 25 (Anlage 14).

363 Die EBITDA unterscheiden sich hauptsächlich dadurch, dass bei der Equity-Methode, das Beteiligungsergebnis kein Teil des EBITDA darstellt. Hier wird das Beteiligungsergebnis jedoch zum EBITDA hinzugerechnet, sodass diese Annahme getroffen werden kann.

364 Vgl. HVB-Kundenbonitätsanalyse Produktion, S. 13 (Anlage 14).

weist jedoch eine Struktur auf, die auch positiv durch die Quotenkonsolidierung beeinflusst werden kann. Der Wert kann steigen, wenn die anteiligen Umsatzerlöse in den Zähler aufgenommen werden, der Nenner hingegen unverändert bleibt, weil das *joint venture* größtenteils eigenfinanziert ist (evtl. bestehen nur Verbindlichkeiten aus Lieferungen und Leistungen). Die Umstellung der Bilanzierungsform kann auch keine Auswirkungen mit sich bringen, wenn das JV ein ähnliches Verhältnis aus Betriebsleistung/kurzfristige Finanzschulden wie die M-AG (Konzernmutter) hat. Es wird somit keine allgemeine Tendenz für diese Kennzahl festgehalten.

Die *Finanzaufwandsquote* wird für alle Branchen gleich definiert und wird deshalb an dieser Stelle für alle vier Modelle betrachtet. Da in der Fallstudie bei den Branchen nicht variiert wird, müssten die Ergebnisse entsprechend homogen sein.

	Produktion	**Handel**	**Bau**	**Dienstleistung**
Quotenkonsolidierung	0,08	0,09	0,09	0,08
Equity-Methode	0,08	0,08	0,08	0,08

Tabelle 10: Finanzaufwandsquote der vier Modelle

Tabelle 10 zeigt voneinander abweichende Resultate. Die Kennzahl wird als Quotient aus Zinsaufwand abzüglich der Zinsaufwendungen für nachrangige Verbindlichkeiten und dem durchschnittlichen verzinslichen Fremdkapital definiert.[365] Es gibt demnach bereits eine Ungenauigkeit im Nenner, da das verzinsliche Fremdkapital des Vorjahres mit einberechnet wird. Die Anwendung der Equity-Methode wurde als Abschluss 2011 in das System der HVB eingegeben und greift somit auf die Zahlen von 2010 als Vorjahresabschluss (Eingabe der Zahlen anhand der Quotenkonsolidierung) zurück. Die Eingaben in 2010 können auf keinen Vorjahresabschluss zurückgreifen. Das erklärt dennoch nicht, warum unterschiedliche Ergebnisse – bei Verwendung derselben Definition und Bilanzstruktur – für die Modelle entstehen. Eine Tendenz kann auch für diese Kennzahl nicht ausgesprochen werden, da die Veränderung wiederum vom Rating des *joint venture* abhängig ist (Zinsaufwand bestimmt sich am Kreditzinssatz und somit, wie auch in dieser Ausarbeitung erläutert, am Rating). Die Zahl informiert über die „Zinsbelastung des Unternehmens in Bezug auf das eingesetzte

---

365 Vgl. HVB-Kundenbonitätsanalyse Produktion, S. 23 (Anlage 14).

verzinsliche Fremdkapital."[366] Bei nahezu gleichem Verhältnis (Zinsaufwand zu verzinslichem Fremdkapital) von Konzernmutter und JV ergeben sich bei der Kennzahl keine Änderungen aus der Abschaffung der Quotenkonsolidierung.

Der *Verschuldungsgrad* entwickelt sich bei diesem Fallbeispiel durch die Anwendung der Equity-Methode positiv. Die HVB definiert an dieser Stelle den Verschuldungsgrad als den Quotienten aus verzinslichem Fremdkapital und der bereinigten Bilanzsumme.[367] Die Anwendung der Equity-Methode muss folglich nicht immer einen positiven Effekt auf diese Zahl haben. Die Kennzahl steigt, wenn die JV-GmbH bspw. rein eigenfinanziert ist und kein verzinsliches Fremdkapital aufweist. In diesem Fall findet keine Änderung im Zähler statt, jedoch sinkt der Nenner, da die Bilanzsumme kleiner wird. Dies führt somit zu einem steigenden Verschuldungsgrad.

In der Summe der Effekte verbessert sich die PD in diesem Fallbeispiel bei Anwendung der Equity-Methode von 1,2 auf 0,87 Prozent und bringt eine Änderung der Jahresabschlussbonität von 4+ auf 3- mit sich.

6.2.2.2 Modell Handel

Analog der Darstellung im vorangehenden Kapitel sind die Ergebnisse dieses Modells in Tabelle 11 abgebildet.

Kennzahl	**Quotenkonsolidierung**	**Equity-Methode**
Schuldendienstfähigkeit 32	0,76	0,79
Kreditorenlaufzeit 32	21,70	16,74
Finanzaufwandsquote 31-34	0,09	0,08
WEK-Quote 32	0,43	0,48
Jahresabschlussbonität	**4+**	**3-**
PD	**1,08%**	**0,92%**

Tabelle 11: Ergebnisse Kennzahlen, Bonitätsklasse und PD (Handel)

In Anlehnung an HVB-Kundenbonitätsanalyse Handel, S. 13 (Anlage 15) und Ergebnisse Handel, S. 1 von 1 (Anlage 19).

366 HVB-Kundenbonitätsanalyse Produktion, S. 23 (Anlage 14).

367 Vgl. HVB-Kundenbonitätsanalyse Produktion, S. 24 (Anlage 14).

Abgesehen von der Finanzaufwandsquote werden hier drei Kennzahlen betrachtet, die alle von dem Modell Produktion abweichen. Die Ergebnisse (Tabelle 9 und 11) zeigen gleiche Bonitätsklassen auf, obwohl die PD voneinander abweicht. Während die Verbesserung im vorherigen Kapitel 33 Basispunkte[368] umfasst, ergeben sich hier 16 Basispunkte[369]. Die Differenz im Modell Handel ist demzufolge halb so groß wie in der produzierenden Branche.

Die *Schuldendienstfähigkeit* drückt aus, inwieweit die vom Unternehmen selbst erwirtschafteten Mittel (EBITDA) zur Bedienung von Finanzverbindlichkeiten zur Verfügung stehen (Finanzverbindlichkeiten/EBITDA).[370] Je kleiner die Kennzahl ist, desto besser ist die Auswirkung auf das Rating. Bei diesem Fallbeispiel ergibt sich ein negativer Effekt, wenn die Quotenkonsolidierung abgeschafft wird. Aus Anlage 19 wird ersichtlich, dass der EBITDA bei Anwendung der Quotenkonsolidierung 32.750 TEUR[371] und im Fall der Equity-Methode 28.000 TEUR beträgt. Den größten Teil der Differenz macht der Ausweis der Erträge aus Beteiligungen bei der letzteren Variante aus. Diese Erträge i. H. v. 2.250 TEUR zählen nicht zum EBITDA und beeinflussen die Kennzahl über einen sinkenden Nenner negativ.[372] Die Höhe der Finanzverbindlichkeiten im Zähler fällt zwar auch, wenn keine Quotenkonsolidierung erfolgt, doch in der Gesamtbetrachtung ist der Effekt der Umstellung negativ. Eine positive Veränderung bringt die Equity-Methode mit sich, wenn das JV ein schlechteres Finanzverbindlichkeiten/EBITDA-Verhältnis als die M-AG aufzeigt. Die Quotenkonsolidierung führt dann zu einem stärkeren Wachstum im Zähler (Finanzverbindlichkeiten) als im Nenner (EBITDA). Je geringer die Fremdkapitalquote des JV im Vergleich zur Konzernmutter ist, desto besser fällt die Schuldendienstfähigkeit bei Anwendung der Quotenkonsolidierung gegenüber der Equity-Methode aus.

Die *Kreditorenlaufzeit* stellt einen positiven Treiber dar.[373] Die Kennzahl kann jedoch abhängig vom JV bei Abschaffung der Quotenkonsolidierung positive oder negative Effekte aufzeigen. Alle relevanten Posten der Kennzahl bleiben unberührt von der Ausgangssituation, wenn die Equity-Methode angewendet wird (u. a. Verbindlichkeiten aus Lieferungen und Leistungen, Materialaufwand). Die Quotenkonsolidierung wirkt sich konsequenterweise positiv (negativ) auf die Kennzahl aus, wenn die Liquiditätssituation bzgl. der Kreditorenlaufzeit beim JV besser (schlechter) ist als bei der Konzernmutter und somit der Wert der Kennzahl ebenso verbessert (verschlechtert) wird.

---

368 1,2 Prozent auf 0,87 Prozent.

369 1,08 Prozent auf 0,92 Prozent.

370 Vgl. HVB-Kundenbonitätsanalyse Handel, S. 25 (Anlage 15).

371 Die Unterlagen der HVB zeigen Zahlen in TEUR auf, statt der sonst gewählten Form MEUR.

372 Vgl. Ergebnisse Handel, S. 4 von 8 (Anlage 19).

373 Vgl. HVB-Kundenbonitätsanalyse Handel, S. 13 (Anlage 15).

Die *WEK-Quote* gehört zu den Kennzahlen, die sich deutlich positiv verändern.[374] Sie wird seitens der HVB berechnet, indem das wirtschaftliche Eigenkapital (WEK) durch die bereinigte Bilanzsumme dividiert wird.[375] Anlage 19 zeigt auf, dass das WEK zunächst bei beiden Methoden 52.250 TEUR beträgt (der Jahresüberschuss beträgt bei Anwendung der Quotenkonsolidierung sowie der Equity-Methode 12.250 TEUR).[376] Über eine höhere Bilanzsumme im Nenner führt demnach die Quotenkonsolidierung stets zu einem schlechteren Ergebnis. Zudem beinhaltet der Abschluss von 2010 einen *goodwill* aus der Quotenkonsolidierung i. H. v. 1.000 TEUR.[377] Der Geschäfts- oder Firmenwert wird als nicht werthaltige Aktiva vom Eigenkapital subtrahiert. Das WEK sinkt auf 51.250 TEUR[378], und die Bereinigung müsste analog auch im Nenner (Bilanzsumme) stattfinden.[379] Das verstärkt den positiven Effekt bei der Umstellung auf die Equity-Methode, da hier kein *goodwill* ausgewiesen wird und dieser somit nicht zum Abzug kommt. Regelmäßig verbessert sich folglich die WEK-Quote bei Anwendung der Equity-Methode.[380]

In der Summe der Effekte ergeben sich hier dieselben Bonitätsklassen wie im Modell der Produktion, sodass eine Änderung der Jahresabschlussbonität von 4+ auf 3- verzeichnet wird. Die PD verbessert sich von 1,08 auf 0,92 Prozent.

---

374 Vgl. HVB-Kundenbonitätsanalyse Handel, S. 13 (Anlage 15).

375 Vgl. HVB-Kundenbonitätsanalyse Handel, S. 24 (Anlage 15). Bereinigen bedeutet, dass der Zähler sowie der Nenner um die nicht werthaltigen Aktiva korrigiert werden, vgl. HVB-Kundenbonitätsanalyse Handel, S. 24 (Anlage 15).

376 Vgl. Ergebnisse Handel, S. 5 von 8 (Anlage 19).

377 Vgl. Ergebnisse Handel, S. 1 von 8 (Anlage 19).

378 Vgl. Ergebnisse Handel, S. 5 von 8 (Anlage 19).

379 Vgl. HVB-Kundenbonitätsanalyse Handel, S. 24 (Anlage 15).

380 Eine weitere Verstärkung kann erfolgen, wenn das JV langfristig hohe Verluste erleidet. Der Equity-Wert ist dann ggf. bereits auf einen Erinnerungswert reduziert. Die Verluste haben dann anschließend keine Auswirkungen mehr auf den Konzernjahresüberschuss. Dagegen schlagen sich die Verluste des JV weiterhin über die Quotenkonsolidierung anteilig im Konzernabschluss nieder und können somit die WEK-Quote weiter reduzieren.

6.2.2.3 Modell Bau

Tabelle 12 zeigt die Ergebnisse der Baubranche. Das Modell Bau ist das einzige, das keine Veränderung der Bonitätsklasse (4+) aufzeigt, da sich die PD nur geringfügig von 1,04 auf 1,07 verschlechtert.

Kennzahl	Quotenkonsolidierung	Equity-Methode
Schuldendienstfähigkeit 33	0,76	0,79
Erweiterte Schuldendienstfähigkeit 33	0,89	0,82
Fremdkapitalstruktur 33	0,58	0,56
Finanzaufwandsquote 31-34	0,09	0,08
Jahresabschlussbonität	**4+**	**4+**
PD	**1,04%**	**1,07%**

Tabelle 12: Ergebnisse Kennzahlen, Bonitätsklasse und PD (Bau)

In Anlehnung an HVB-Kundenbonitätsanalyse Bau, S. 13 (Anlage 16) und Ergebnisse Bau, S. 1 von 1 (Anlage 20).

Die *Schuldendienstfähigkeit* weist dieselben Ergebnisse wie im vorangegangenen Kapitel (Modell Handel) auf, auch wenn die Definition der Kennzahl geringfügig unterschiedlich ist. Die Nenner (EBITDA) entsprechen sich, der Zähler wird hier jedoch um die nachrangigen Verbindlichkeiten erweitert.[381] Da in diesem Fallbeispiel keine nachrangigen Verbindlichkeiten existieren, gleichen sich die Ergebnisse bei beiden Modellen. Die Interpretation entspricht den unter dem Modell Handel festgehaltenen Ausführungen.

Die *erweiterte Schuldendienstfähigkeit* setzt den EBITDA in den Zähler (korrigiert um den Zinsertrag und weitere Korrekturposten, jedoch nicht um den Beteiligungsertrag) und dividiert diesen Wert durch das gesamte verzinsliche Fremdkapital.[382] Sie fällt bei diesem Fallbeispiel geringfügig und zeigt somit einen negativen Effekt aus der Abschaffung der Quotenkonsolidierung. Die relevanten Posten der Kennzahl entsprechen der Ausgangssituation, wenn die Equity-

381 Vgl. HVB-Kundenbonitätsanalyse Bau, S. 25 (Anlage 16).

382 Vgl. HVB-Kundenbonitätsanalyse Bau, S. 24 (Anlage 16).

Methode angewendet wird. Die Quotenkonsolidierung wirkt sich konsequenterweise positiv (negativ) auf die Kennzahl aus, wenn die erweiterte Schuldendienstfähigkeit des JV im Vergleich zur M-AG besser (schlechter) ist.

Die *Fremdkapitalstruktur* ermöglicht „Rückschlüsse auf die finanzielle Stabilität eines Unternehmens. Die finanzielle Stabilität eines Unternehmens ist umso geringer, je höher die Werte der Bankverbindlichkeiten, Verbindlichkeiten aus L&L und Akzepte sind."[383] Im Nenner der Kennzahl steht das Fremdkapital abzüglich der Pensionsrückstellungen. Die Kennzahl sinkt bei Anwendung der Equity-Methode und wirkt sich positiv auf die Jahresabschlussbonität aus. Analog zur (erweiterten) Schuldendienstfähigkeit kann je nach Fremdkapitalstruktur des JV die Umstellung auf die Equity-Methode positive oder negative Folgen haben.

Alle relevanten Kennzahlen in der Baubranche sind einzelfallabhängig und führen möglicherweise aus diesem Grund kaum zu einer Veränderung der PD.

6.2.2.4 Modell Dienstleistung

In der Summe der Effekte verbessert sich die PD in diesem Modell bei Anwendung der Equity-Methode von 1,8 auf 1,56 Prozent (siehe Tabelle 13) und bringt eine geringfügige Änderung der Jahresabschlussbonität von 4- auf 4 mit sich.

Kennzahl	Quotenkonsolidierung	Equity-Methode
Personalaufwandsquote 34	0,35	0,33
Liquidität 34	0,28	0,31
Kurzfristiger Kapitalumschlag 34	10,66	11,54
Finanzaufwandsquote 31-34	0,08	0,08
Verschuldungsgrad 34	0,39	0,35
Jahresabschlussbonität	**4-**	**4**
PD	**1,8%**	**1,56%**

Tabelle 13: Ergebnisse Kennzahlen, Bonitätsklasse und PD (Dienstleistung)

In Anlehnung an HVB-Kundenbonitätsanalyse Dienstleistung, S. 13 (Anlage 17) und Ergebnisse Dienstleistung, S. 1 von 1 (Anlage 21).

---

[383] HVB-Kundenbonitätsanalyse Bau, S. 23 (Anlage 16). Die Aufzählung entspricht dem Zähler.

Die *Personalaufwandsquote* wird von der HVB berechnet, indem der EBITDA durch den Personalaufwand dividiert wird.[384] Eine allgemeine Veränderungstendenz kann nicht festgehalten werden, auch wenn in diesem Beispiel die Kennzahl leicht sinkt und sich somit negativ auswirkt. Auch hier ist die Richtung der Veränderung von der Ausgestaltung des JV abhängig. Bei Anwendung der Equity-Methode verändern sich die Posten im Vergleich zur Ausgangssituation (nur M-AG) nicht. Bei Verwendung der Quotenkonsolidierung kann sich die Kennzahl je nach Anteil des EBITDA und des Personalaufwands, der aufgenommen wird, positiv oder negativ entwickeln. Beispielsweise könnte ein Dienstleistungsunternehmen Anteile an einem JV halten, das in der produzierenden Branche tätig ist. Das Modell Dienstleistung würde dennoch angewendet werden, da die Konzernmutter ein Dienstleister ist. Folglich würde sich im Regelfall die Kennzahl verbessern, wenn das JV ein besseres EBITDA/Personalaufwand-Verhältnis im Vergleich zur M-AG aufweist. Der positive Effekt würde im Rahmen der Quotenkonsolidierung in den Konzernabschluss gelangen. Im Gegenzug kann sich die Kennzahl verschlechtern, wenn die Personalaufwandsquote des JV niedriger ist als die der Konzernmutter.

Die *Liquidität* misst die „kurzfristige Zahlungsfähigkeit eines Unternehmens [und] ist umso besser, je höher die Kennzahl ist."[385] Im Zähler stehen hauptsächlich die flüssigen Mittel und im Nenner das bereinigte kurzfristige Fremdkapital. Bei diesem Fallbeispiel verbessert sich die Kennzahl. Die Posten bleiben erneut unberührt bei Anwendung der Equity-Methode. Die Ausführungen zur Veränderungstendenz gelten demnach analog der Personalaufwandsquote. Sie ist von der Liquiditätssituation des JV abhängig und somit einzelfallabhängig zu beurteilen.

Die Ausführungen zum *kurzfristigen Kapitalumschlag* gelten entsprechend denen im Modell Produktion. Die Kennzahl wird lediglich abweichend berechnet, da bspw. in der dienstleistenden Branche keine Bestandsveränderungen existieren und somit nur der Umsatz relevant ist. Auch Forderungen aus Lieferungen und Leistungen fallen nicht in dem Umfang wie in der produzierenden Branche an.

Die Interpretation des *Verschuldungsgrades* gleicht den Erläuterungen im Modell Produktion. Analog zum kurzfristigen Kapitalumschlag erfolgt eine an die Branche angepasste Berechnung der Kennzahl. Vereinfacht wird jedoch auch hier das Fremdkapital ins Verhältnis zur Bilanzsumme gesetzt. Die Umstellung auf die Equity-Methode hat einen positiven Effekt; wie jedoch bereits erläutert ist die Auswirkung einzelfallabhängig.

---

384 Vgl. HVB-Kundenbonitätsanalyse Dienstleistung, S. 27 (Anlage 17).

385 HVB-Kundenbonitätsanalyse Dienstleistung, S. 26 (Anlage 17).

6.2.3 Zusammenfassung und kritische Reflexion der Ergebnisse

Tabelle 14 stellt die Kennzahlen aus den vorherigen Modellen zusammen. Den Werten wird zudem eine allgemeine Tendenz zugeordnet (einzelfallabhängig oder Kennzahl wird besser bzw. schlechter).

Kennzahl	allgemeine Tendenz bei Abschaffung der Quotenkonsolidierung	Änderung PD und BKL in diesem Fallbeispiel
Modellübergreifend		
Finanzaufwandsquote 31-34	Einzelfallabhängig	
Modell Produktion		
Betriebsleistungsrentabilität 31	Kennzahl wird besser	PD: 1,2 auf 0,87% BKL: 4+ auf 3-
Kurzfristiger Kapitalumschlag 31	Einzelfallabhängig	
Verschuldungsgrad 31	Einzelfallabhängig	
Modell Handel		
Schuldendienstfähigkeit 32	Einzelfallabhängig	PD: 1,08 auf 0,92% BKL: 4+ auf 3-
Kreditorenlaufzeit 32	Einzelfallabhängig	
WEK-Quote 32	Kennzahl wird besser	
Modell Bau		
Schuldendienstfähigkeit 33	Einzelfallabhängig	PD: 1,04 auf 1,07% BKL: unverändert 4+
Erweiterte Schuldendienstfähigkeit 33	Einzelfallabhängig	
Fremdkapitalstruktur 33	Einzelfallabhängig	
Modell Dienstleistung		
Personalaufwandsquote 34	Einzelfallabhängig	PD: 1,8 auf 1,56% BKL: 4- auf 4
Liquidität 34	Einzelfallabhängig	
Kurzfristiger Kapitalumschlag 34	Einzelfallabhängig	
Verschuldungsgrad 34	Einzelfallabhängig	

Tabelle 14: Zusammenfassung der Ergebnisse aus der Fallstudie

Diese Zusammenstellung zeigt deutlich auf, dass die Kennzahlen regelmäßig keine allgemeine positive oder negative Tendenz aufweisen. Sie sind oft von der Struktur (z. B. Fremdkapitalstruktur) oder Größe (z. B. Bilanzsumme, Umsatz) des JV abhängig, während hier nur eine Fallkonstellation pro Modell geprüft wird. Zusammenfassend stellt sich jedoch in der Detailbetrachtung heraus, dass sich die Kennzahlen ***Betriebsleistungsrentabilität*** (Modell Produktion) und ***WEK-Quote*** (Modell Handel) stets verbessern, wenn die Quotenkonsolidierung abgeschafft wird. Bis auf die Baubranche verbessert sich bei allen Modellen spürbar die PD, da die Veränderung auch auf die Bonitätsklasse des Musterkonzerns durchdringt. In der Baubranche verschlechtert sich die PD geringfügig. Diese Änderung wirkt sich jedoch nicht auf die Bonitätsklasse aus. Zusammenfassend wird festgehalten, dass durch die Umstellung von der Quotenkonsolidierung auf die Equity-Methode vorwiegend eine Verbesserung der Unternehmensbonität (c. p. gemessen anhand der PD Jahresabschluss) erkennbar ist.

Das Rating beeinflusst die Fremdkapitalkonditionen eines Unternehmens (siehe Kapitel 5.1.2). Die überwiegend positive Veränderung der PD hat c. p. zur Folge, dass durch die Verminderung des Fremdkapitalzinssatzes die Fremdkapitalkosten eines Unternehmens sinken. Im nächsten Kapitel werden die durchschnittlichen gewichteten Gesamtkapitalkosten näher betrachtet, da die Auswirkungen des IFRS 11 nicht nur die Höhe des Fremdkapitalzinssatzes beeinflussen.

6.3 Analyse des Gesamtkapitalkostensatzes

Beim WACC-Verfahren wird das Gesamtkapital in Fremd- und Eigenkapital aufgeteilt (Zielkapitalstruktur). Das Fremdkapital wird mit dem Fremdkapitalkostensatz und das Eigenkapital mit dem Eigenkapitalkostensatz multipliziert. Die Summe ergibt den gewichteten durchschnittlichen Gesamtkapitalkostensatz. Der Fremdkapitalkostensatz wird wiederum um den Steuervorteil korrigiert, der durch die Abzugsfähigkeit des Zinsaufwandes entsteht.[386] Aus dieser Vorgehensweise ergibt sich folgende Formel für die Berechnung des WACC:[387]

$$WACC = r_{EK} \times \frac{EK}{GK} + r_{FK} \times \frac{FK}{GK} \times (1 - s)$$

mit:	r_{EK}: Eigenkapitalkostensatz	EK: Eigenkapital
	r_{FK}: Fremdkapitalkostensatz	FK: Fremdkapital
	s: Steuersatz	GK: Gesamtkapital

Es erfolgt eine kritische Betrachtung der einzelnen Komponenten zur Berechnung des WACC. Zum einen stellte sich heraus, dass durch die Verbesserung der PD der *Fremdkapitalkostensatz* (r_{FK}) fällt. Eine weitere Komponente ist der *Eigenkapitalkostensatz* (r_{EK}). Durch die Erhöhung der Eigenkapitalquote (siehe Tabelle 16) bei Anwendung der Equity-Methode müsste der Eigenkapitalkostensatz des Unternehmens sinken. Das zweite Theorem von MODIGLIANI/MILLER besagt, dass die Eigenkapitalrentabilität eines Unternehmens vom Verschuldungsgrad des Unternehmens linear abhängig ist.[388] Wenn der Verschuldungsgrad des Unternehmens steigt bzw. sinkt, steigen bzw. fallen auch die Renditeerwartungen der Eigenkapitalgeber. Die relevanten Zahlen werden in Tabelle 15 vereinfacht dargestellt.

---

386 Für nähere Informationen zum WACC-Verfahren vgl. Becker/Peppmeier (2008), S. 197-199. Der Steuersatz wird als konstant angenommen, da eine Umstellung der Bilanzierung der JV grundsätzlich nicht zu einem veränderten Steuersatz führen sollte.

387 Vgl. auch Britzelmaier (2009), S. 70 und Laier (2011), S. 94.

388 Vgl. Modigliani/Miller (1958), S. 271. MODIGLIANI/MILLER gehen von einem vollkommenen Kapitalmarkt aus und schließen die Steuern in ihren Berechnungen aus.

	Quotenkonsolidierung	Equity-Methode
Eigenkapital	52,25 MEUR	52,25 MEUR
Fremdkapital	57,50 MEUR	50,00 MEUR
Verschuldungsgrad (FK/EK)	**1,1**	**0,96**

Tabelle 15: Verschuldungsgrad nach beiden Bilanzierungsmethoden

Durch den Wechsel von der Quotenkonsolidierung auf die Equity-Methode muss konsequenterweise die Eigenkapitalrentabilität sinken, da der Verschuldungsgrad fällt. Es sinken folglich beide Zinssätze, die in der WACC-Formel enthalten sind.

Nach der Betrachtung der Zinssätze folgt die Betrachtung der *Eigen-* und *Fremdkapitalquote.*[389] Das Eigenkapital gleicht sich mit 52,25 MEUR, jedoch verändert sich die Höhe des Fremdkapitals und analog auch die des Gesamtkapitals, sodass folgende Werte in Tabelle 16 resultieren:

	Quotenkonsolidierung	Equity-Methode
Gesamtkapital	109,75	102,25
Eigen-/Gesamtkapital	**47,61%**	**51,10%**
Fremd-/Gesamtkapital	**52,39%**	**48,90%**

Tabelle 16: Kapitalquoten nach beiden Bilanzierungsmethoden

Bei der Umstellung auf die Equity-Methode steigt gemäß Tabelle 16 die Eigenkapitalquote. Im Gegenzug fällt um diesen Anteil die Fremdkapitalquote. Die nachfolgende Formel zeigt erneut die Berechnung des WACC, ergänzt um die Veränderungstendenz der einzelnen Komponenten.

389 Voraussetzung für diese Betrachtung ist, dass die Zielkapitalstruktur der tatsächlichen Kapitalstruktur entspricht.

$$WACC = \underbrace{r_{EK}\downarrow \times \frac{EK}{GK}\uparrow}_{\text{einzelfallabhängig}} + \underbrace{r_{FK}\downarrow \times \frac{FK}{GK}\downarrow}_{\text{absolute Fremdkapitalkosten fallen}} \times (1 - s)$$

Der Eigenkapitalkostensatz fällt umso stärker, umso geringer der Verschuldungsgrad wird (siehe Tabelle 15 und Ausführungen dazu). Je geringer der Verschuldungsgrad wird, desto höher wird jedoch der Eigenkapitalanteil (EK/GK) in der Formel. Ob sich die hier gegenläufigen Effekte im Bereich der Eigenkapitalkosten aufheben, muss als einzelfallabhängig eingestuft werden. Das erste Theorem von MODIGLIANI/MILLER besagt wiederum, dass die Gesamtkapitalrentabilität von der Kapitalstruktur des Unternehmens unabhängig ist.[390] Somit würden die Pfeile in der obigen Darstellung bei EK/GK und FK/GK irrelevant werden. Das Ergebnis müsste dann ein Absinken des Gesamtkapitalkostensatzes sein, da beide Zinssätze (r_{EK} und r_{FK}) kleiner werden.

---

390 Vgl. Modigliani/Miller (1958), S. 268.

7 FAZIT

„Wie sich IFRS 11 konkret auf die Abschlusskennzahlen auswirken wird, hängt davon ab, wie viele gemeinschaftlich geführte Unternehmen nach IAS 31 im jeweiligen Konzernverbund existieren und ob für diese die Quotenkonsolidierung gewählt wurde."[391]

NÖLTE/WEINREIS/MEZHOVA untersuchen in ihrer Studie basierend auf dem Jahr 2005 börsennotierte Unternehmen in Deutschland bzgl. wesentlicher JCE sowie die Anwendungsquote der Quotenkonsolidierung. Die Autoren kommen zu dem Ergebnis, dass insgesamt die Quotenkonsolidierung präferiert wird.[392] Die DAX- und TecDAX-Unternehmen wählen hierbei vorwiegend die Equity-Methode, während die Unternehmen des M- und SDAX die Quotenkonsolidierung anwenden. Auch LABRENZ ET AL. thematisieren die Abschaffung des Wahlrechts und untersuchen u. a. die rechtliche Ausgestaltung sowie die bilanzielle Abbildung von *joint ventures*. Die Studie aus dem Jahr 2008 zeigt auf, dass 81,3 Prozent aller DAX-, MDAX- und Tec-DAX-Unternehmen die Equity-Methode präferieren.[393] In einer jüngeren Studie aus dem Jahr 2011 untersuchen BADER/PREUSCHE die Unternehmen des DAX, basierend auf dem Geschäftsjahr 2010.[394] Sie kommen zu dem Ergebnis, dass lediglich vier Unternehmen aus dem DAX die Quotenkonsolidierung anwenden. Die Auswirkungen werden somit vermehrt die „kleineren und mittelständischen (...) Unternehmen des SDAX und MDAX treffen."[395]

Es wird auch eingeräumt, dass weiterhin ein faktisches Wahlrecht existiert.[396] Abbildung 2 zeigt bereits auf, dass eine Einordnung der JCE in JO möglich ist, wenn bspw. die vertraglichen Vereinbarungen dementsprechend verändert werden. Die Grenze zwischen JV und JO ist somit nicht zweifelsfrei.[397] Die Ausführungen zu den Bilanzierungsmethoden in Kapitel 3.4 zeigen auf, dass die quotale Einbeziehung unter Umständen der Quotenkonsolidierung ähnlich sein kann. Aufgrund der aufgezeigten Unterschiede sollte jedoch nicht von einer Einschränkung des „Anwendungsbereich[s] der Quotenkonsolidierung (...) auf *joint*

---

391 Dittmar/Graupe (2012), S. 408.

392 Vgl. Nölte/Weinreis/Mezhova (2007), S. 164 f.

393 Vgl. Labrenz et al. (2008), S. 186.

394 Vgl. Bader/Preusche (2011), S. 253.

395 Bader/Preusche (2011), S. 254.

396 Vgl. Bader/Preusche (2011), S. 250; Freiberg (2011), S. 177.

397 Vgl. Bader/Preusche (2011), S. 250; Freiberg (2011), S. 177.

operations"[398] gesprochen werden. Vielmehr äußern DITTMAR/GRAUPE treffend, dass eine vormals JCE, die nach IFRS 11 als JO einzustufen ist, mit einer der Quotenkonsolidierung ähnelnden Bilanzierungsart zu bilanzieren ist.[399]

Die vorliegende Ausarbeitung hat die Einführung des IFRS 11 dargestellt, kritisch gewürdigt und im Anschluss die Auswirkungen auf die Unternehmensbonität inkl. der Kapitalkosten untersucht. Hierfür wurde das Mittelstands-Rating der HVB auf eine Fallstudie angewandt. Im Regelfall verbesserte sich das Rating bei einer Umstellung von der Quotenkonsolidierung auf die Equity-Methode. Durch einen ähnlichen Ausweis zwischen der Quotenkonsolidierung und der quotalen Einbeziehung sollten bei solch einer Umstellung keine wesentlichen Änderungen zu erwarten sein.[400] Eine Umstellung von der Equity-Methode auf die quotale Einbeziehung[401] würde somit annahmegemäß regelmäßig zu einer Verschlechterung des Ratings führen, wenn die Kennzahlen bei Verwendung der quotalen Einbeziehung denen der Quotenkonsolidierung gleichgesetzt werden. Mit diesen Ergebnissen geht auch einher, dass die Kapitalkosten bei einer Umstellung von der Quotenkonsolidierung auf die Equity-Methode fallen müssten und umgekehrt.

Unternehmen, die von den Auswirkungen betroffen sind, und diese als negativ bewerten (bspw. stellt sich das für BASF in CL 102 heraus; das Unternehmen nutzt die Quotenkonsolidierung), können ggf. durch Ausnutzung des faktischen Wahlrechts ehemalige JCE als JO klassifizieren und weiterhin ähnlich quotal bewerten. Zudem ist es möglich, den Equity-Wert und den Erfolg so auszuweisen, dass die Auswirkungen auf die Kennzahlen kleinstmöglich gehalten werden. BASF plant z. B. das „Equity-Ergebnis als Teil des EBIT auszuweisen. Der Equity-Buchwert wird als operatives Vermögen gezeigt."[402] Die Überprüfung der in der Fallstudie erlangten Erkenntnisse bzgl. der Auswirkungen kann zukünftig anhand einer weiteren empirischen Untersuchung erfolgen. Hierfür können bspw. Geschäftsberichte herangezogen werden, in denen IFRS 11 erstmalig angewandt wird.

398 Freiberg (2011), S. 177. Der Autor formuliert in diesem Zusammenhang lediglich, dass der Verweis auf die Vollkonsolidierungsmethoden entfallen würde.

399 Vgl. Dittmar/Graupe (2012), S. 409.

400 Im Fall der Ausnutzung des faktischen Wahlrechts.

401 Eine JCE bewertet mit der Equity-Methode, die nach IFRS 11 als JO quotal einbezogen wird.

402 BASF SE (2012), S. 155.

Anlagenverzeichnis

Anlage 1: Endorsement-Verfahren

Ein Endorsement-Verfahren ist notwendig, da das IASB ein privatwirtschaftlich organisiertes Gremium ist und die Standards aus diesem Grund erst durch einen demokratisch legitimierten Rechtsakt verpflichtend werden.[403] Standards befinden sich noch in der „Schwebephase"[404], wenn sie bisher weder abgelehnt noch übernommen wurden. Wie bereits in der Einleitung erläutert, ist die Übernahme des IFRS 11 abgeschlossen. Abbildung A-1 zeigt einen Überblick ohne genauer auf die einzelnen Gremien einzugehen.[405]

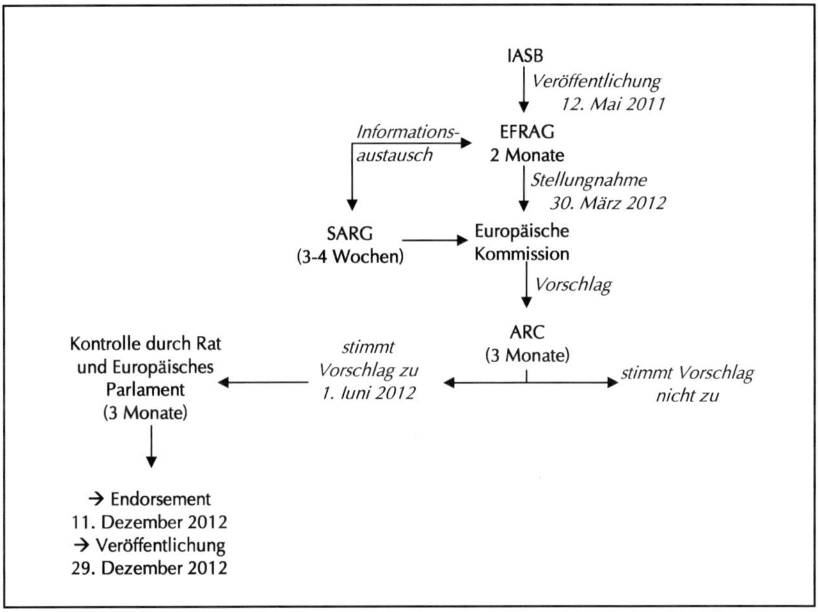

Abbildung A-1: Ablauf des Endorsement-Verfahrens[406]

In Anlehnung an Oversberg (2007), S. 1600 und EFRAG (URL1) und (URL2), S. 2 für die Daten.

---

403 Vgl. Buchheim/Knorr/Schmidt (2008a), S. 334.

404 Buchheim/Knorr/Schmidt (2008b), S. 373.

405 Oversberg (2007) beschreibt die Aufgaben von EFRAG, SARG und ARC und auch die gesetzlichen Grundlagen sowie den weiteren Ablauf, wenn der Rat und das Europäische Parlament dem Endorsement nicht zustimmen. Für eine Übersicht zum Endorsement-Verfahren, zu den Gremien und zum zeitlichen Ablauf vgl. auch Europäische Kommission (URL).

406 Zur Unterscheidung der Abbildungen und Tabellen im Hauptteil und in den Anlagen werden die Abbildungen und Tabellen innerhalb der Anlagen um ein vorangehendes „A-" ergänzt.

Nach der Veröffentlichung seitens des IASB hat die European Financial Reporting Advisory Group (EFRAG) eine Stellungnahme abgegeben. Aus diesem Schreiben wird deutlich, dass EFRAG die Übernahme des Standards unterstützt, jedoch eine spätere Einführung empfiehlt.[407] Das ARC hat mit seiner Richtlinie den 1. Januar 2014 als Erstanwendungszeitpunkt verabschiedet, wobei eine wahlweise frühere Anwendung eingeräumt wird, sobald das Endorsement erfolgt.[408]

---

407 Vgl. EFRAG (URL3); EFRAG (URL4), S. 2.

408 Vgl. Dittmar/Graupe (2012), S. 404.

Anlage 2: Konsolidierungspaket und Darstellung der Zusammenhänge

THEILE/STAHNKE bezeichnen die fünf Standards, die am 12. Mai 2011 vom IASB veröffentlicht wurden, als „Konsolidierungspaket“[409]. Das Paket beinhaltet folgende Standards:[410]

- *IFRS 10 Consolidated Financial Statements* [IFRS 10 Konzernabschlüsse]
- *IFRS 11 Joint Arrangements* [IFRS 11 Gemeinsame Vereinbarungen]
- *IFRS 12 Disclosure of Interests in Other Entities* [IFRS 12 Angaben zu Beteiligungen an anderen Unternehmen]
- *IAS 27 (as amended in 2011[411]) Separate Financial Statements* [IAS 27 (in der Version von 2011[412]) Einzelabschlüsse]
- *IAS 28 (as amended in 2011) Investments in Associates and Joint Ventures* [IAS 28 (in der Version von 2011) Anteile an assoziierten Unternehmen und Gemeinschaftsunternehmen][413]

Eine frühere Anwendung des IFRS 11 wird vom IASB an die frühere Anwendung des gesamten Konsolidierungspakets gebunden.[414] Die Texte sind alle über die Verordnung (EU) Nr. 1254/2012 der Kommission in deutscher Sprache öffentlich zugänglich. Eine Kurzfassung über die Inhalte geben THEILE/STAHNKE.[415]

Abbildung A-2 zeigt auf, inwiefern Wirkungszusammenhänge zwischen den Standards existieren.

---

409 Theile/Stahnke (2011), S. 564.

410 Vgl. Theile/Stahnke (2011), S. 564 f. sowie Böckem/Ismar (2011), S. 820.

411 Vgl. IFRS 11.C1.

412 Die Übersetzung wird in Anlehnung an Lüdenbach/Schubert (2012), S. 7 verwendet.

413 Für die deutschen Titel vgl. Verordnung (EU) Nr. 1254/2012 der Kommission, S. 360/1.

414 Vgl. IFRS 11.C1; IFRS 11.BC59.

415 Vgl. Theile/Stahnke (2011), S. 564-566.

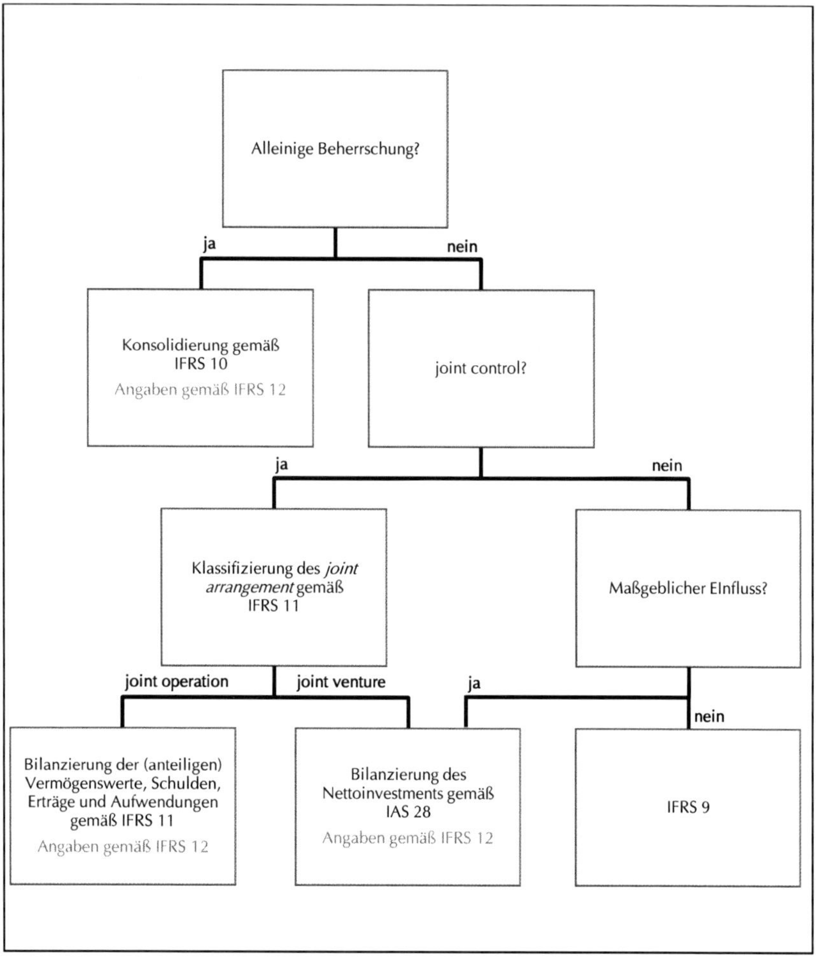

Abbildung A-2: Zusammenhang IFRS 10, 11, 12 und IAS 28

Modifiziert entnommen aus IASB (2011d), S. 3.

Anlage 3: Ergebnisse comment letters (IASB)

Auf den Seiten 110-115 folgt die *Tabelle A-1: Allgemeine Erhebungsmerkmale*, welche die Ergebnisse für die Interessengruppen, Branchen, Länder sowie Kontinente enthält.

Vermerk: Die CL-Verfasser werden gemäß IASB (URL7) benannt.

Auf den Seiten 116-122 folgt die *Tabelle A-2: Beantwortung der Fragen im ED 9*, welche die Antwortstruktur der Fragen 1-6 im Detail dokumentiert.

Vermerk: Die nicht vorhandenen CL werden ausgeblendet (CL 21, 23, 53, 69, 73).

CL	Vorhanden	CL-Verfasser	Interessengruppe aggregiert	Branche	Interessengruppe	Land	Kontinent
CL 1	Ja	Oliver L. Campbell	Sonstiges	-	Privatperson	-	-
CL 2	Ja	Leslie Hinder	Sonstiges	-	Privatperson	-	-
CL 3	Ja	CPA Australia	WP-Verband	-	Rechnungslegungsgremium	Australien	Australien
CL 4	Ja	Santos Ltd	Unternehmen	Öl- und Gasindustrie	Unternehmen	Australien	Australien
CL 5	Ja	Telstra Corporation Ltd, Melbourne	Unternehmen	Telekommunikation	Unternehmen	Australien	Australien
CL 6	Ja	Securities Commission	Finanzsektor	-	Aufsichtsbehörde	Neuseeland	Australien
CL 7	Ja	Addax Petroleum	Unternehmen	Öl- und Gasindustrie	Unternehmen	Kanada	Nordamerika
CL 8	Ja	Group of 100	Unternehmen	branchenübergreifend	Unternehmensverband	Australien	Australien
CL 9	Ja	Holcim Group Support	Unternehmen	Zementbranche	Unternehmen	Schweiz	Europa
CL 10	Ja	Turku School of Economics	Sonstiges	-	Bildungseinrichtung	Finnland	Europa
CL 11	Ja	Freudenberg & Co	Unternehmen	branchenübergreifend	Unternehmen	Deutschland	Europa
CL 12	Ja	Technip	Unternehmen	Öl- und Gasindustrie	Unternehmen	Frankreich	Europa
CL 13	Ja	Institut der Wirtschaftsprüfer (IDW)	WP-Verband	-	WP-Verband	Deutschland	Europa
CL 14	Ja	Grant Thornton International	WP-Gesellschaft	-	WP-Gesellschaft	UK	Europa
CL 15	Ja	Joint Response: BPF, EPRA, NAREIT®, REALpac	Unternehmen	Immobilien	Unternehmensverband	Internationaler Verband im Bereich der Immobilien	
CL 16	Ja	Conseil National de la Comptabilité (CNC)	Standardsetter	-	Standardsetter	Frankreich	Europa
CL 17	Ja	PricewaterhouseCoopers	WP-Gesellschaft	-	WP-Gesellschaft	UK	Europa
CL 18	Ja	Dutch Accounting Standards Board (DASB)	Standardsetter	-	Standardsetter	Niederlande	Europa
CL 19	Ja	Accounting Standards Board (ASB)	Standardsetter	-	Standardsetter	UK	Europa
CL 20	Ja	German Accounting Standards Committee (DRSC)	Standardsetter	-	Standardsetter	Deutschland	Europa
CL 21	Nein	CL 21 wird auf der Seite des IASB nicht aufgeführt.					

CL	Vor-handen	CL-Verfasser	Interessengruppe aggregiert	Branche	Interessengruppe	Land	Kontinent
CL 22	Ja	Malaysian Accounting Standards Board (MASB)	Standardsetter	-	Standardsetter	Malaysia	Asien
CL 23	Nein	CL 23 wird angeführt, jedoch existieren keine Datei und auch keine weiteren Daten.					
CL 24	Ja	BFBP	Finanzsektor	-	Bank	Frankreich	Europa
CL 25	Ja	Association of German Public Sector Banks	Finanzsektor	-	Bankenverband	Deutschland	Europa
CL 26	Ja	SEOPAN	Unternehmen	Bau- und Konzessions-geschäft	Unternehmensverband	Spanien	Europa
CL 27	Ja	BUSINESSEUROPE	Unternehmen	branchenübergreifend	Arbeitgeberverband	Belgien	Europa
CL 28	Ja	Korea Accounting Standards Board	Standardsetter	-	Standardsetter	Korea	Asien
CL 29	Ja	Sasol Limited	Unternehmen	Öl- und Gasindustrie	Unternehmen	Südafrika	Afrika
CL 30	Ja	F Hoffmann La Roche	Unternehmen	Pharmazie	Unternehmen	Schweiz	Europa
CL 31	Ja	Philippine Financial Reporting Standards Council (PFRSC)	Standardsetter	-	Standardsetter	Philippinen	Asien
CL 32	Ja	Eskom	Unternehmen	Energie	Unternehmen	Südafrika	Afrika
CL 33	Ja	European Parking Association	Unternehmen	Parkierung	Unternehmensverband	Deutschland	Europa
CL 34	Ja	South African Institute of Chartered Accountants (SAICA) Accounting Practice Board (APB) of South Africa and the Accounting Practices Committee (APC) of SAICA	Standardsetter	-	Standardsetter	Südafrika	Afrika
CL 35	Ja	NASB	Standardsetter	-	Standardsetter	Russland	Asien
CL 36	Ja	Den norske Revisorforening, Oslo *(Norwegian Accounting Standards Baord)*	Standardsetter	-	Standardsetter	Norwegen	Europa
CL 37	Ja	ASESGA	Unternehmen	Parkierung	Unternehmensverband	Spanien	Europa
CL 38	Ja	FirstRand Banking Group	Finanzsektor	-	Bank	Südafrika	Afrika
CL 39	Ja	Ernst & Young	WP-Gesellschaft	-	WP-Gesellschaft	UK	Europa

CL	Vorhanden	CL-Verfasser	Interessengruppe aggregiert	Branche	Interessengruppe	Land	Kontinent
CL 40	Ja	The Swedish Enterprise Accounting Group (SEAG)	Unternehmen	branchenübergreifend	Unternehmensverband	Schweden	Europa
CL 41	Ja	Sherritt International Corporation	Unternehmen	Rohstoffindustrie	Unternehmen	Kanada	Nordamerika
CL 42	Ja	SwissHoldings	Unternehmen	branchenübergreifend	Unternehmensverband	Schweiz	Europa
CL 43	Ja	Pieter van Wijck	Sonstiges	-	Privatperson	-	-
CL 44	Ja	London Investment Banking Association (LIBA)	Finanzsektor	-	Bankenverband	UK	Europa
CL 45	Ja	Financial Executives Institute (FEIC)	Unternehmen	branchenübergreifend	Unternehmensverband	Kanada	Nordamerika
CL 46	Ja	ASETA	Unternehmen	Konzession	Unternehmensverband	Spanien	Europa
CL 47	Ja	British Petroleum	Unternehmen	Öl- und Gasindustrie	Unternehmen	UK	Europa
CL 48	Ja	Stagecoach Group Plc	Unternehmen	Transport	Unternehmen	UK	Europa
CL 49	Ja	Cobham plc	Unternehmen	Luft- und Raumfahrtindustrie	Unternehmen	UK	Europa
CL 50	Ja	London Society of Chartered Accountants (LSCA)	WP-Verband	-	WP-Verband	UK	Europa
CL 51	Ja	The Chartered Institute of Management Accountants	WP-Verband	-	WP-Verband	UK	Europa
CL 52	Ja	Unicredito Italiano SpA, Milan	Finanzsektor	-	Bank	Italien	Europa
CL 53	Nein	Mazars	falsche Datei hinterlegt (Deutsche Bank und comment letter zu IAS 39)				
CL 54	Ja	Nestlé	Unternehmen	Nahrungsmittel	Unternehmen	Schweiz	Europa
CL 55	Ja	CNCE	Finanzsektor	-	Bank	Frankreich	Europa
CL 56	Ja	Norsk Hydro ASA	Unternehmen	Stahl-/Metallindustrie (Aluminium)	Unternehmen	Norwegen	Europa
CL 57	Ja	John Wood Group PLC	Unternehmen	Öl- und Gasindustrie	Unternehmen	UK	Europa
CL 58	Ja	Polish Accounting Standards Committee	Standardsetter	-	Standardsetter	Polen	Europa
CL 59	Ja	Millicom	Unternehmen	Telekommunikation	Unternehmen	Luxemburg	Europa
CL 60	Ja	Heijmans Nederland B.V	Unternehmen	Bau	Unternehmensverband	Niederlande	Europa

CL	Vorhanden	CL-Verfasser	Interessengruppe aggregiert	Branche	Interessengruppe	Land	Kontinent
CL 61	Ja	Deloitte Touche Tohmatsu	WP-Gesellschaft	-	WP-Gesellschaft	UK	Europa
CL 62	Ja	FAR SRS	WP-Verband	-	WP-Verband	Schweden	Europa
CL 63	Ja	The Goldman Sachs Group	Finanzsektor	-	Bank	USA	Nordamerika
CL 64	Ja	French Banking Federation	Finanzsektor	-	Bank	Frankreich	Europa
CL 65	Ja	Volkswagen AG	Unternehmen	Automobil	Unternehmen	Deutschland	Europa
CL 66	Ja	BNP Paribas	Finanzsektor	-	Bank	Frankreich	Europa
CL 67	Ja	Institute of Chartered Accountants of Scotland	WP-Verband	-	WP-Verband	UK	Europa
CL 68	Ja	Suez, Paris	Unternehmen	Energie	Unternehmen	Frankreich	Europa
CL 69	Nein	Belgian Bankers and Stockbroking Firms' Association	falsche Datei hinterlegt (Mazars und comment letter zu ED investments in debt instruments)				
CL 70	Ja	UBS	Finanzsektor	-	Bank	Schweiz	Europa
CL 71	Ja	TransAlta Corporation	Unternehmen	Energie	Unternehmen	Kanada	Nordamerika
CL 72	Ja	BDO	WP-Gesellschaft	-	WP-Gesellschaft	Belgien	Europa
CL 73	Nein	CL 73 wird auf der Seite des IASB nicht aufgeführt.					
CL 74	Ja	Institute of Chartered Accountants in England and Wales	WP-Verband	-	WP-Verband	UK	Europa
CL 75	Ja	Provincial Auditor Saskatchewan	WP-Gesellschaft	-	WP-Gesellschaft	Kanada	Nordamerika
CL 76	Ja	Carlsberg A/S	Unternehmen	Nahrungsmittel (Brauerei)	Unternehmen	Dänemark	Europa
CL 77	Ja	Belgian Accounting Standards Board	Standardsetter	-	Standardsetter	Belgien	Europa
CL 78	Ja	Anglo American	Unternehmen	Rohstoffindustrie	Unternehmen	UK	Europa
CL 79	Ja	CINIF	Standardsetter	-	Standardsetter	Mexiko	Nordamerika
CL 80	Ja	Royal Dutch Shell	Unternehmen	Öl- und Gasindustrie	Unternehmen	Niederlande	Europa
CL 81	Ja	EnCana Corporation	Unternehmen	Öl- und Gasindustrie	Unternehmen	Kanada	Nordamerika
CL 82	Ja	ACTEO, AFEP and MEDEF	Unternehmen	branchenübergreifend	Unternehmensverband	Frankreich	Europa

CL	Vorhanden	CL-Verfasser	Interessengruppe aggregiert	Branche	Interessengruppe	Land	Kontinent
CL 83	Ja	Coca-Cola Hellenic Bottling Company S.A.	Unternehmen	Nahrungsmittel (Getränke)	Unternehmen	Griechenland	Europa
CL 84	Ja	Austrian Financial Reporting and Auditing Committee (AFRAC)	Standardsetter	-	Standardsetter	Österreich	Europa
CL 85	Ja	Institute of Chartered Accountants of Jamaica	Standardsetter	-	Standardsetter	Jamaika	Nordamerika
CL 86	Ja	Accounting Standards Board – Canada (AcSB)	Standardsetter	-	Standardsetter	Kanada	Nordamerika
CL 87	Ja	Accounting Standards Board of Japan (ASBJ)	Standardsetter	-	Standardsetter	Japan	Asien
CL 88	Ja	Crédit Mutuel	Finanzsektor	-	Bank	Frankreich	Europa
CL 89	Ja	EDF	Unternehmen	Energie	Unternehmen	Frankreich	Europa
CL 90	Ja	Petro-Canada	Unternehmen	Öl- und Gasindustrie	Unternehmen	Kanada	Nordamerika
CL 91	Ja	Association of Chartered Certified Accountants (ACCA)	WP-Verband	-	WP-Verband	UK	Europa
CL 92	Ja	TransCanada Corporation	Unternehmen	Öl- und Gasindustrie	Unternehmen	Kanada	Nordamerika
CL 93	Ja	Deutsche Bank	Finanzsektor	-	Bank	Deutschland	Europa
CL 94	Ja	Fitch Ratings	Finanzsektor	-	Ratingagentur	UK	Europa
CL 95	Ja	Hong Kong Institute of Certified Public Accountants	WP-Verband	-	WP-Verband	China	Asien
CL 96	Ja	Japanese Institute of Certified Public Accountants (JICPA)	WP-Verband	-	WP-Verband	Japan	Asien
CL 97	Ja	Foreningen af Statsautoriserede Revisorer (FSR)	Standardsetter	-	Standardsetter	Dänemark	Europa
CL 98	Ja	Société Française de Analystes Financiers	Finanzsektor	-	Financial Analyst	Frankreich	Europa
CL 99	Ja	VINCI	Unternehmen	Bau- und Konzessionsgeschäft	Unternehmen	Frankreich	Europa
CL 100	Ja	British Columbia	Sonstiges	-	Provinz in Kanada	Kanada	Nordamerika

CL	Vor-handen	CL-Verfasser	Interessengruppe aggregiert	Branche	Interessengruppe	Land	Kontinent
CL 101	Ja	Serco Group plc	Unternehmen	branchenübergreifend	Unternehmen	UK	Europa
CL 102	Ja	BASF	Unternehmen	Chemie	Unternehmen	Deutschland	Europa
CL 103	Ja	Institute of Chartered Accountants in Ireland (ICAI)	WP-Verband	-	WP-Verband	Irland	Europa
CL 104	Ja	Institute of Chartered Accountants of Pakistan (ICAP)	WP-Verband	-	WP-Verband	Pakistan	Asien
CL 105	Ja	Fédération des Experts Comptables Européens (FEE)	Standardsetter	-	Teil von EFRAG	Belgien	Europa
CL 106	Ja	Australian Accounting Standards Board	Standardsetter	-	Standardsetter	Australien	Australien
CL 107	Ja	UK 100 Group	Unternehmen	branchenübergreifend	Unternehmensverband	UK	Europa
CL 108	Ja	Confederation of British Industry (CBI)	Unternehmen	branchenübergreifend	Unternehmensverband	UK	Europa
CL 109	Ja	The Swedish Financial Reporting Board	Standardsetter	-	Standardsetter	Schweden	Europa
CL 110	Ja	ATCO Ltd	Unternehmen	Energie	Unternehmen	Kanada	Nordamerika
CL 111	Ja	Deutsche Telekom	Unternehmen	Telekommunikation	Unternehmen	Deutschland	Europa
CL 112	Ja	European Financial Reporting Advisory Group (EFRAG)	Standardsetter	-	Beratung EU-Kommission Endorsement-Verfahren	Belgien	Europa
CL 113	Ja	KPMG	WP-Gesellschaft	-	WP-Gesellschaft	UK	Europa
CL 114	Ja	International Organization of Securities Commissions (IOSCO)	Finanzsektor	-	Aufsichtsbehörde	Spanien	Europa
CL 115	Ja	Accounting Standards Council of Singapore	Standardsetter	-	Standardsetter	Singapur	Asien

CL	Vor-handen	CL-Verfasser	Interessengruppe aggregiert	Frage 1	Frage 2a	Frage 2b	Frage 3	Frage 4	Frage 5	Frage 6
CL 1	Ja	Oliver L. Campbell	Sonstiges	-	-	-	Zustimmung	-	-	-
CL 2	Ja	Leslie Hinder	Sonstiges	-	-	-	-	-	-	-
CL 3	Ja	CPA Australia	WP-Verband	Zustimmung	Zustimmung	Zustimmung	Zustimmung	Zustimmung	Zustimmung	Zustimmung
CL 4	Ja	Santos Ltd	Unternehmen	Ablehnung	Zustimmung	Ablehnung	Ablehnung	Zustimmung	Zustimmung	Ablehnung
CL 5	Ja	Telstra Corporation Ltd, Melbourne	Unternehmen	Zustimmung	Zustimmung	Zustimmung	Zustimmung	Zustimmung	Zustimmung	Zustimmung
CL 6	Ja	Securities Commission	Finanzsektor	Zustimmung	Zustimmung	-	Zustimmung	Zustimmung	Zustimmung	Zustimmung
CL 7	Ja	Addax Petroleum	Unternehmen	Zustimmung	Zustimmung	-	keine klare Position	Zustimmung	Zustimmung	Ablehnung
CL 8	Ja	Group of 100	Unternehmen	Ablehnung	Zustimmung	Zustimmung	keine klare Position	teilweise Zustimmung	teilweise Zustimmung	Ablehnung
CL 9	Ja	Holcim Group Support	Unternehmen	Zustimmung	Zustimmung	Zustimmung	Zustimmung	Ablehnung	Zustimmung	Zustimmung
CL 10	Ja	Turku School of Economics	Sonstiges	Zustimmung	Zustimmung	Zustimmung	Zustimmung	Zustimmung	Zustimmung	Zustimmung
CL 11	Ja	Freudenberg & Co	Unternehmen	Zustimmung	Ablehnung	-	Ablehnung	Ablehnung	Zustimmung	Ablehnung
CL 12	Ja	Technip	Unternehmen	Ablehnung	teilweise Zustimmung	-	Ablehnung	teilweise Zustimmung	Zustimmung	Zustimmung
CL 13	Ja	Institut der Wirtschaftsprüfer (IDW)	WP-Verband	Ablehnung	Ablehnung	-	Ablehnung	Ablehnung	Ablehnung	Ablehnung
CL 14	Ja	Grant Thornton International	WP-Gesellschaft	teilweise Zustimmung	keine klare Position	-	Ablehnung	teilweise Zustimmung	Zustimmung	Ablehnung
CL 15	Ja	Joint Response: BPF, EPRA, NAREIT®, REALpac	Unternehmen	Zustimmung	teilweise Zustimmung	-	Ablehnung	keine klare Position	Zustimmung	Zustimmung
CL 16	Ja	Conseil National de la Comptabilité (CNC)	Standardsetter	Ablehnung	Ablehnung	-	Ablehnung	Ablehnung	Ablehnung	Ablehnung
CL 17	Ja	PricewaterhouseCoopers	WP-Gesellschaft	Ablehnung	keine klare Position	-	Ablehnung	teilweise Zustimmung	Zustimmung	Zustimmung
CL 18	Ja	Dutch Accounting Standards Board (DASB)	Standardsetter	Zustimmung	Zustimmung	Zustimmung	Ablehnung	Ablehnung	Zustimmung	Ablehnung
CL 19	Ja	Accounting Standards Board (ASB)	Standardsetter	Zustimmung	teilweise Zustimmung	-	Zustimmung	Zustimmung	Zustimmung	Zustimmung

CL	Vorhanden	CL-Verfasser	Interessengruppe aggregiert	Frage 1	Frage 2a	Frage 2b	Frage 3	Frage 4	Frage 5	Frage 6
CL 20	Ja	German Accounting Standards Committee (DRSC)	Standardsetter	Ablehnung	Ablehnung	-	Ablehnung	Ablehnung	Ablehnung	Ablehnung
CL 22	Ja	Malaysian Accounting Standards Board (MASB)	Standardsetter	Zustimmung	Zustimmung	Zustimmung	Zustimmung	Zustimmung	Zustimmung	Zustimmung
CL 24	Ja	BFBP	Finanzsektor	-	-	-	Ablehnung	-	-	-
CL 25	Ja	Association of German Public Sector Banks	Finanzsektor	Zustimmung	Zustimmung	Zustimmung	keine klare Position	Ablehnung	Ablehnung	Ablehnung
CL 26	Ja	SEOPAN	Unternehmen	Ablehnung	keine klare Position	-	Ablehnung	Ablehnung	Zustimmung	Ablehnung
CL 27	Ja	BUSINESSEUROPE	Unternehmen	Zustimmung	Zustimmung	-	Ablehnung	Ablehnung	Zustimmung	teilweise Zustimmung
CL 28	Ja	Korea Accounting Standards Board	Standardsetter	-	Zustimmung	-	Zustimmung	Zustimmung	-	-
CL 29	Ja	Sasol Limited	Unternehmen	Zustimmung	Zustimmung	Zustimmung	Zustimmung	Zustimmung	Zustimmung	Zustimmung
CL 30	Ja	F Hoffmann La Roche	Unternehmen	Ablehnung	teilweise Zustimmung	-	Ablehnung	Ablehnung	Zustimmung	Ablehnung
CL 31	Ja	Philippine Financial Reporting Standards Council (PFRSC)	Standardsetter	Zustimmung	Zustimmung	-	Zustimmung	Zustimmung	Zustimmung	Zustimmung
CL 32	Ja	Eskom	Unternehmen	Zustimmung	Zustimmung	Zustimmung	Zustimmung	Zustimmung	Zustimmung	Zustimmung
CL 33	Ja	European Parking Association	Unternehmen	-	-	-	Ablehnung	-	-	-
CL 34	Ja	South African Institute of Chartered Accountants (SAICA) Accounting Practice Board (APB) of South Africa and the Accounting Practices Committee (APC) of SAICA	Standardsetter	Zustimmung	Zustimmung	Zustimmung	Zustimmung	Zustimmung	Zustimmung	Zustimmung
CL 35	Ja	NASB	Standardsetter	Zustimmung	Zustimmung	-	keine klare Position	Zustimmung	Zustimmung	Zustimmung
CL 36	Ja	Den norske Revisorforening, Oslo *(Norwegian Accounting Standards Baord)*	Standardsetter	teilweise Zustimmung	Zustimmung	Ablehnung	Ablehnung	Zustimmung	Zustimmung	Zustimmung
CL 37	Ja	ASESGA	Unternehmen	-	-	-	Ablehnung	-	-	-
CL 38	Ja	FirstRand Banking Group	Finanzsektor	Zustimmung	Zustimmung	Zustimmung	keine klare Position	Zustimmung	Zustimmung	teilweise Zustimmung

CL	Vor-handen	CL-Verfasser	Interessengruppe aggregiert	Frage 1	Frage 2a	Frage 2b	Frage 3	Frage 4	Frage 5	Frage 6
CL 39	Ja	Ernst & Young	WP-Gesellschaft	Ablehnung	Ablehnung	-	Ablehnung	Ablehnung	Ablehnung	Ablehnung
CL 40	Ja	The Swedish Enterprise Accounting Group (SEAG)	Unternehmen	Zustimmung	keine klare Position	-	Ablehnung	-	Zustimmung	Ablehnung
CL 41	Ja	Sherritt International Corporation	Unternehmen	Ablehnung	teilweise Zustimmung	-	Ablehnung	Zustimmung	Zustimmung	Zustimmung
CL 42	Ja	SwissHoldings	Unternehmen	Zustimmung	Zustimmung	-	Ablehnung	Ablehnung	Zustimmung	teilweise Zustimmung
CL 43	Ja	Pieter van Wijck	Sonstiges	Ablehnung	Zustimmung	Zustimmung	Zustimmung	Ablehnung	Zustimmung	Ablehnung
CL 44	Ja	London Investment Banking Association (LIBA)	Finanzsektor	Ablehnung	keine klare Position	-	Zustimmung	Zustimmung	Zustimmung	Zustimmung
CL 45	Ja	Financial Executives Institute (FEIC)	Unternehmen	teilweise Zustimmung	Zustimmung	-	Zustimmung	teilweise Zustimmung	Ablehnung	Zustimmung
CL 46	Ja	ASETA	Unternehmen	-	Zustimmung	Ablehnung	Ablehnung	-	-	-
CL 47	Ja	British Petroleum	Unternehmen	Zustimmung	keine klare Position	-	keine klare Position	Zustimmung	Zustimmung	Ablehnung
CL 48	Ja	Stagecoach Group Plc	Unternehmen	Zustimmung	Zustimmung	Zustimmung	Zustimmung	Zustimmung	Ablehnung	Ablehnung
CL 49	Ja	Cobham plc	Unternehmen	Zustimmung	Zustimmung	Zustimmung	Zustimmung	Zustimmung	Zustimmung	Zustimmung
CL 50	Ja	London Society of Chartered Accountants (LSCA)	WP-Verband	teilweise Zustimmung	teilweise Zustimmung	-	Zustimmung	teilweise Zustimmung	Zustimmung	keine klare Position
CL 51	Ja	The Chartered Institute of Management Accountants	WP-Verband	Zustimmung	Zustimmung	Zustimmung	Zustimmung	teilweise Zustimmung	Zustimmung	teilweise Zustimmung
CL 52	Ja	Unicredito Italiano SpA, Milan	Finanzsektor	teilweise Zustimmung	Zustimmung	-	Ablehnung	Zustimmung	Zustimmung	Ablehnung
CL 54	Ja	Nestlé	Unternehmen	Zustimmung	Zustimmung	-	Ablehnung	Ablehnung	Zustimmung	Ablehnung
CL 55	Ja	CNCE	Finanzsektor	Ablehnung	keine klare Position	-	Ablehnung	Zustimmung	Zustimmung	Zustimmung
CL 56	Ja	Norsk Hydro ASA	Unternehmen	Ablehnung	Ablehnung	-	keine klare Position	Zustimmung	Zustimmung	Zustimmung
CL 57	Ja	John Wood Group PLC	Unternehmen	teilweise Zustimmung	Zustimmung	Ablehnung	Ablehnung	teilweise Zustimmung	Zustimmung	Ablehnung

CL	Vor-handen	CL-Verfasser	Interessengruppe aggregiert	Frage 1	Frage 2a	Frage 2b	Frage 3	Frage 4	Frage 5	Frage 6
CL 58	Ja	Polish Accounting Standards Committee	Standardsetter	teilweise Zustimmung	Zustimmung	-	keine klare Position	teilweise Zustimmung	Zustimmung	teilweise Zustimmung
CL 59	Ja	Millicom	Unternehmen	-	-	-	teilweise Zustimmung	-	-	-
CL 60	Ja	Heijmans Nederland B.V	Unternehmen	Zustimmung	Zustimmung	Ablehnung	Ablehnung	Ablehnung	teilweise Zustimmung	Zustimmung
CL 61	Ja	Deloitte Touche Tohmatsu	WP-Gesellschaft	Ablehnung	Ablehnung	-	Ablehnung	Ablehnung	Ablehnung	Ablehnung
CL 62	Ja	FAR SRS	WP-Verband	Zustimmung	Zustimmung	-	Ablehnung	Zustimmung	Zustimmung	Zustimmung
CL 63	Ja	The Goldman Sachs Group	Finanzsektor	Ablehnung	Ablehnung	-	Ablehnung	Ablehnung	Ablehnung	Ablehnung
CL 64	Ja	French Banking Federation	Finanzsektor	Ablehnung	keine klare Position	-	Ablehnung	Zustimmung	Zustimmung	Zustimmung
CL 65	Ja	Volkswagen AG	Unternehmen	Ablehnung	Ablehnung	-	Ablehnung	Ablehnung	Ablehnung	Ablehnung
CL 66	Ja	BNP Paribas	Finanzsektor	Ablehnung	Zustimmung	Ablehnung	Ablehnung	Ablehnung	Ablehnung	Ablehnung
CL 67	Ja	Institute of Chartered Accountants of Scotland	WP-Verband	Ablehnung	keine klare Position	-	Ablehnung	Ablehnung	Zustimmung	Zustimmung
CL 68	Ja	Suez, Paris	Unternehmen	Zustimmung	teilweise Zustimmung	-	Ablehnung	Zustimmung	Ablehnung	Zustimmung
CL 70	Ja	UBS	Finanzsektor	keine klare Position	Ablehnung	-	Zustimmung	Zustimmung	Zustimmung	Zustimmung
CL 71	Ja	TransAlta Corporation	Unternehmen	Zustimmung	Zustimmung	Ablehnung	Ablehnung	teilweise Zustimmung	Zustimmung	Zustimmung
CL 72	Ja	BDO	WP-Gesellschaft	Zustimmung	Zustimmung	-	Zustimmung	Zustimmung	Zustimmung	Zustimmung
CL 74	Ja	Institute of Chartered Accountants in England and Wales	WP-Verband	keine klare Position	teilweise Zustimmung	-	keine klare Position	keine klare Position	Zustimmung	Zustimmung
CL 75	Ja	Provincial Auditor Saskatchewan	WP-Gesellschaft	Zustimmung	Zustimmung	Zustimmung	Zustimmung	Zustimmung	Zustimmung	Zustimmung
CL 76	Ja	Carlsberg A/S	Unternehmen	Zustimmung	-	-	Ablehnung	teilweise Zustimmung	teilweise Zustimmung	Zustimmung
CL 77	Ja	Belgian Accounting Standards Board	Standardsetter	Ablehnung	keine klare Position	-	Ablehnung	Zustimmung	Zustimmung	Zustimmung
CL 78	Ja	Anglo American	Unternehmen	teilweise Zustimmung	Ablehnung	-	Ablehnung	Ablehnung	Zustimmung	Zustimmung

CL	Vorhanden	CL-Verfasser	Interessengruppe aggregiert	Frage 1	Frage 2a	Frage 2b	Frage 3	Frage 4	Frage 5	Frage 6
CL 79	Ja	CINIF	Standardsetter	Zustimmung	Zustimmung	Zustimmung	Zustimmung	Zustimmung	Zustimmung	Ablehnung
CL 80	Ja	Royal Dutch Shell	Unternehmen	Zustimmung	Zustimmung	Zustimmung	Zustimmung	Ablehnung	Zustimmung	Ablehnung
CL 81	Ja	EnCana Corporation	Unternehmen	Ablehnung	Zustimmung	Ablehnung	Ablehnung	Zustimmung	Zustimmung	Zustimmung
CL 82	Ja	ACTEO, AFEP and MEDEF	Unternehmen	Zustimmung	teilweise Zustimmung	-	keine klare Position	Ablehnung	Zustimmung	Zustimmung
CL 83	Ja	Coca-Cola Hellenic Bottling Company S.A.	Unternehmen	teilweise Zustimmung	Zustimmung	Ablehnung	Ablehnung	teilweise Zustimmung	Zustimmung	Zustimmung
CL 84	Ja	Austrian Financial Reporting and Auditing Committee (AFRAC)	Standardsetter	teilweise Zustimmung	Zustimmung	Zustimmung	keine klare Position	teilweise Zustimmung	teilweise Zustimmung	Zustimmung
CL 85	Ja	Institute of Chartered Accountants of Jamaica	Standardsetter	Zustimmung	Zustimmung	Zustimmung	Zustimmung	Zustimmung	Zustimmung	Zustimmung
CL 86	Ja	Accounting Standards Board – Canada (AcSB)	Standardsetter	Zustimmung	Zustimmung	Zustimmung	Zustimmung	Zustimmung	Zustimmung	Zustimmung
CL 87	Ja	Accounting Standards Board of Japan (ASBJ)	Standardsetter	Zustimmung	Zustimmung	Zustimmung	Zustimmung	Zustimmung	Zustimmung	Zustimmung
CL 88	Ja	Crédit Mutuel	Finanzsektor	Ablehnung	-	-	keine klare Position	keine klare Position	Zustimmung	Ablehnung
CL 89	Ja	EDF	Unternehmen	Ablehnung	-	-	Ablehnung	keine klare Position	Zustimmung	Zustimmung
CL 90	Ja	Petro-Canada	Unternehmen	-	-	-	-	-	-	-
CL 91	Ja	Association of Chartered Certified Accountants (ACCA)	WP-Verband	Zustimmung	teilweise Zustimmung	-	teilweise Zustimmung	teilweise Zustimmung	Zustimmung	Zustimmung
CL 92	Ja	TransCanada Corporation	Unternehmen	Zustimmung	Zustimmung	-	Zustimmung	teilweise Zustimmung	Ablehnung	Zustimmung
CL 93	Ja	Deutsche Bank	Finanzsektor	Ablehnung	Ablehnung	-	Ablehnung	Ablehnung	Ablehnung	Ablehnung
CL 94	Ja	Fitch Ratings	Finanzsektor	keine klare Position	teilweise Zustimmung	-	teilweise Zustimmung	Zustimmung	Zustimmung	Zustimmung
CL 95	Ja	Hong Kong Institute of Certified Public Accountants	WP-Verband	Ablehnung	teilweise Zustimmung	-	Ablehnung	Zustimmung	Zustimmung	Zustimmung

CL	Vor-handen	CL-Verfasser	Interessengruppe aggregiert	Frage 1	Frage 2a	Frage 2b	Frage 3	Frage 4	Frage 5	Frage 6
CL 96	Ja	Japanese Institute of Certified Public Accountants (JICPA)	WP-Verband	Zustimmung	Zustimmung	Zustimmung	Zustimmung	Zustimmung	Zustimmung	Zustimmung
CL 97	Ja	Foreningen af Statsautoriserede Revisorer (FSR)	Standardsetter	Ablehnung	Ablehnung	-	Ablehnung	Ablehnung	Ablehnung	Ablehnung
CL 98	Ja	Société Française de Analystes Financiers	Finanzsektor	-	-	-	Ablehnung	-	-	-
CL 99	Ja	VINCI	Unternehmen	Zustimmung	Zustimmung	-	Zustimmung	Zustimmung	Zustimmung	Zustimmung
CL 100	Ja	British Columbia	Sonstiges	Zustimmung	Zustimmung	Zustimmung	Zustimmung	Zustimmung	Zustimmung	Zustimmung
CL 101	Ja	Serco Group plc	Unternehmen	-	-	-	Ablehnung	-	-	-
CL 102	Ja	BASF	Unternehmen	Ablehnung	keine klare Position	-	Ablehnung	Ablehnung	teilweise Zustimmung	teilweise Zustimmung
CL 103	Ja	Institute of Chartered Accountants in Ireland (ICAI)	WP-Verband	keine klare Position	teilweise Zustimmung	-	Ablehnung	Zustimmung	Zustimmung	Zustimmung
CL 104	Ja	Institute of Chartered Accountants of Pakistan (ICAP)	WP-Verband	Zustimmung	Zustimmung	Zustimmung	Zustimmung	Zustimmung	Zustimmung	Zustimmung
CL 105	Ja	Fédération des Experts Comptables Européens (FEE)	Standardsetter	Ablehnung	keine klare Position	-	Ablehnung	Zustimmung	Zustimmung	Zustimmung
CL 106	Ja	Australian Accounting Standards Board	Standardsetter	Ablehnung	teilweise Zustimmung	-	Ablehnung	Zustimmung	Zustimmung	Zustimmung
CL 107	Ja	UK 100 Group	Unternehmen	Ablehnung	teilweise Zustimmung	-	Ablehnung	Zustimmung	Zustimmung	Zustimmung
CL 108	Ja	Confederation of British Industry (CBI)	Unternehmen	keine klare Position	keine klare Position	-	Ablehnung	keine klare Position	Zustimmung	Zustimmung
CL 109	Ja	The Swedish Financial Reporting Board	Standardsetter	Ablehnung	Ablehnung	-	Ablehnung	Ablehnung	Ablehnung	Ablehnung
CL 110	Ja	ATCO Ltd	Unternehmen	Ablehnung	Zustimmung	Ablehnung	Ablehnung	Zustimmung	-	Zustimmung
CL 111	Ja	Deutsche Telekom	Unternehmen	teilweise Zustimmung	keine klare Position	-	-	-	-	-
CL 112	Ja	European Financial Reporting Advisory Group (EFRAG)	Standardsetter	Ablehnung	keine klare Position	-	Ablehnung	Zustimmung	Zustimmung	Zustimmung

CL	Vorhanden	CL-Verfasser	Interessengruppe aggregiert	Frage 1	Frage 2a	Frage 2b	Frage 3	Frage 4	Frage 5	Frage 6
CL 113	Ja	KPMG	WP-Gesellschaft	Ablehnung	Ablehnung	-	Ablehnung	Ablehnung	Ablehnung	Ablehnung
CL 114	Ja	International Organization of Securities Commissions (IOSCO)	Finanzsektor	keine klare Position	teilweise Zustimmung	-	keine klare Position	Zustimmung	Zustimmung	Zustimmung
CL 115	Ja	Accounting Standards Council of Singapore	Standardsetter	Zustimmung	Zustimmung	Zustimmung	Zustimmung	Zustimmung	Zustimmung	Zustimmung

Anlage 4: Auswertung Frage 1

	Zustimmung	teilweise Zustimmung	keine klare Position	Ablehnung	Gesamt
Sonstiges (3)	2	-	-	1	**3**
Finanzsektor (14)	3	1	3	7	**14**
WP-Verband (12)	6	1	2	3	**12**
WP-Gesellschaft (7)	2	1	-	4	**7**
Standardsetter (22)	11	3	-	8	**22**
Unternehmen (41)	22	5	1	13	**41**
Gesamt (99)	**46**	**11**	**6**	**36**	**99**

Tabelle A-3: Absolute Auswertung Frage 1

	Zustimmung	teilweise Zustimmung	keine klare Position	Ablehnung	Kontrolle[416]
Sonstiges (3)	67%	-	-	33%	**100%**
Finanzsektor (14)	21%	7%	21%	50%	**100%**
WP-Verband (12)	50%	8%	17%	25%	**100%**
WP-Gesellschaft (7)	29%	14%	-	57%	**100%**
Standardsetter (22)	50%	14%	-	36%	**100%**
Unternehmen (41)	54%	12%	2%	32%	**100%**
Gesamt (99)	**46%**	**11%**	**6%**	**36%**	**100%**

Tabelle A-4: Relative Auswertung Frage 1

416 Die Kontrollwerte (direkt aus der MS Excel-Datei, die für die Auswertung verwendet wurde) zeigen stets auf, dass die Summen aller vier Antwortmöglichkeiten 100 Prozent ergibt (gilt analog für alle Auswertungen), auch wenn bspw. die Addition im Finanzsektor hier lediglich 99 Prozent zeigt. Diese Differenzen ergeben sich durch die vorgenommenen Rundungen.

Anlage 5: Auswertung Frage 2a

	Zustimmung	teilweise Zustimmung	keine klare Position	Ablehnung	Gesamt
Sonstiges (3)	3	-	-	-	**3**
Finanzsektor (13)	5	2	3	3	**13**
WP-Verband (12)	5	5	1	1	**12**
WP-Gesellschaft (7)	2	-	2	3	**7**
Standardsetter (23)	14	2	3	4	**23**
Unternehmen (40)	23	7	6	4	**40**
Gesamt (98)	**52**	**16**	**15**	**15**	**98**

Tabelle A-5: Absolute Auswertung Frage 2a

	Zustimmung	teilweise Zustimmung	keine klare Position	Ablehnung	Kontrolle
Sonstiges (3)	100%	-	-	-	**100%**
Finanzsektor (13)	38%	15%	23%	23%	**100%**
WP-Verband (12)	42%	42%	8%	8%	**100%**
WP-Gesellschaft (7)	29%	-	29%	43%	**100%**
Standardsetter (23)	61%	9%	13%	17%	**100%**
Unternehmen (40)	58%	18%	15%	10%	**100%**
Gesamt (98)	**53%**	**16%**	**15%**	**15%**	**100%**

Tabelle A-6: Relative Auswertung Frage 2a

Anlage 6: Auswertung Frage 2b

	Zustimmung 2b	Ablehnung 2b	Gesamt
Sonstiges (3)	3	-	**3**
Finanzsektor (3)	2	1	**3**
WP-Verband (4)	4	-	**4**
WP-Gesellschaft (1)	1	-	**1**
Standardsetter (10)	9	1	**10**
Unternehmen (16)	8	8	**16**
Gesamt (37)	**27**	**10**	**37**

Tabelle A-7: Absolute Auswertung Frage 2b

	Zustimmung 2b	Ablehnung 2b	Kontrolle
Sonstiges (3)	100%	-	**100%**
Finanzsektor (3)	67%	33%	**100%**
WP-Verband (4)	100%	-	**100%**
WP-Gesellschaft (1)	100%	-	**100%**
Standardsetter (10)	90%	10%	**100%**
Unternehmen (16)	50%	50%	**100%**
Gesamt (37)	**73%**	**27%**	**100%**

Tabelle A-8: Relative Auswertung Frage 2b

Anlage 7: Auswertung Frage 3

	Zustimmung	teilweise Zustimmung	keine klare Position	Ablehnung	Gesamt
Sonstiges (4)	4	-	-	-	**4**
Finanzsektor (16)	3	1	4	8	**16**
WP-Verband (12)	5	1	1	5	**12**
WP-Gesellschaft (7)	2	-	-	5	**7**
Standardsetter (23)	10	-	3	10	**23**
Unternehmen (45)	10	1	5	29	**45**
Gesamt (107)	**34**	**3**	**13**	**57**	**107**

Tabelle A-9: Absolute Auswertung Frage 3

	Zustimmung	teilweise Zustimmung	keine klare Position	Ablehnung	Kontrolle
Sonstiges (4)	100%	-	-	-	**100%**
Finanzsektor (16)	19%	6%	25%	50%	**100%**
WP-Verband (12)	42%	8%	8%	42%	**100%**
WP-Gesellschaft (7)	29%	-	-	71%	**100%**
Standardsetter (23)	43%	-	13%	43%	**100%**
Unternehmen (45)	22%	2%	11%	64%	**100%**
Gesamt (107)	**32%**	**3%**	**12%**	**53%**	**100%**

Tabelle A-10: Relative Auswertung Frage 3

Anlage 8: Auswertung Frage 3 Branchen

	Zustimmung	teilweise Zustimmung	keine klare Position	Ablehnung	Gesamt
Chemie & Pharmazie (2)	-	-	-	2	**2**
Parkierung (2)	-	-	-	2	**2**
Telekommunikation (2)	1	1	-	-	**2**
Nahrungsmittel (3)	-	-	-	3	**3**
Bau & Konzession (4)	1	-	-	3	**4**
Energie (5)	1	-	-	4	**5**
Öl- & Gasindustrie (11)	3	-	2	6	**11**
Gesamt (29)	**6**	**1**	**2**	**20**	**29**

Tabelle A-11: Absolute Auswertung Frage 3 Branchen

	Zustimmung	teilweise Zustimmung	keine klare Position	Ablehnung	Kontrolle
Chemie & Pharmazie (2)	-	-	-	100%	**100%**
Parkierung (2)	-	-	-	100%	**100%**
Telekommunikation (2)	50%	50%	-	-	**100%**
Nahrungsmittel (3)	-	-	-	100%	**100%**
Bau & Konzession (4)	25%	-	-	75%	**100%**
Energie (5)	20%	-	-	80%	**100%**
Öl- & Gasindustrie (11)	27%	-	18%	55%	**100%**
Gesamt (29)	**21%**	**3%**	**7%**	**69%**	**100%**

Tabelle A-12: Relative Auswertung Frage 3 Branchen

Anlage 9: Auswertung Frage 4

Frage 4 untersucht die Zustimmung bzw. Ablehnung bzgl. der Angabepflichten zu *joint arrangements.* Bei einer Ablehnung wird explizit erfragt, ob es zusätzliche Angaben gibt, die nützlich wären. Die Antwortquote liegt bei rund 89 Prozent (98 von 110 CL).

	Zustimmung	teilweise Zustimmung	keine klare Position	Ablehnung	Gesamt
Sonstiges (3)	2	-	-	1	**3**
Finanzsektor (14)	9	-	1	4	**14**
WP-Verband (12)	6	3	1	2	**12**
WP-Gesellschaft (7)	2	2	-	3	**7**
Standardsetter (23)	16	2	-	5	**23**
Unternehmen (39)	16	8	2	13	**39**
Gesamt (98)	**51**	**15**	**4**	**28**	**98**

Tabelle A-13: Absolute Auswertung Frage 4

Innerhalb der 28 ablehnenden CL-Verfasser finden sich elf Antworten, die generell zu allen Fragen eine ablehnende Position beziehen. Bei CL 9 fällt auf, dass allen Fragen außer dieser zugestimmt wird. Hierfür wird die Begründung angeführt, dass weiterhin Angaben in der Summe für alle signifikanten JV gemacht werden sollen, statt wie vorgeschlagen für jedes einzelne bedeutsame JV.[417] CL 80 weist eine ähnliche Antwortstruktur auf. Zudem werden von den zwei Seiten, die für die Beantwortung der Fragen in der Summe benötigt werden, etwa 1,5 Seiten für die Frage 4 aufgewendet. Die Formulierung ist überwiegend ablehnend, jedoch stimmt CL 80 gewissen Anpassungen zu, die einhergehen, wenn künftig auch JV wie assoziierte Unternehmen nach der Equity-Methode bilanziert werden. Wie auch in CL 9 wird hier jedoch angeführt, dass eine Darstellung für jedes einzelne bedeutende JV nicht nachvollzogen werden kann.[418] Im zweiten Abschnitt wird angeführt, dass für *joint assets* und *joint operations* zusätzliche Angaben als nicht sinnvoll erachtet werden, da diese ohnehin nach

[417] Vgl. CL 9, S. 2.

[418] Vgl. CL 80, S. 2.

den relevanten IFRS bewertet werden und folglich die darin enthaltenen Angabepflichten beachtet werden müssen.[419]

	Zustimmung	teilweise Zustimmung	keine klare Position	Ablehnung	Kontrolle
Sonstiges (3)	67%	-	-	33%	**100%**
Finanzsektor (14)	64%	-	7%	29%	**100%**
WP-Verband (12)	50%	25%	8%	17%	**100%**
WP-Gesellschaft (7)	29%	29%	-	43%	**100%**
Standardsetter (23)	70%	9%	-	22%	**100%**
Unternehmen (39)	41%	21%	5%	33%	**100%**
Gesamt (98)	**52%**	**15%**	**4%**	**29%**	100%

Tabelle A-14: Relative Auswertung Frage 4

Bei Betrachtung der absoluten und relativen Zahlen stellt sich heraus, dass knapp die Hälfte der Kommentierenden der Frage 4 zustimmt. In dieser Kategorie können mindestens drei verschiedene Stärken einer Zustimmung erörtert werden. Aus der Gruppe vermerken fünf CL-Verfasser, dass sie über die geforderten Angaben hinaus noch weitere verlangen würden.[420] Diese sind auch in der Beantwortung der Frage 3 nicht ablehnend eingestellt (Abschaffung der Quotenkonsolidierung). Im Gegensatz zu jenen vermerken vier Verfasser, dass sie der Frage nur unter der Voraussetzung zustimmen, dass die Quotenkonsolidierung wirklich abgeschafft wird.[421] Diese lehnen jedoch geschlossen die Frage 3 ab. Eine weitere Gruppe, die sich abhebt, besteht aus fünf Kommentaren. Hierbei handelt es sich hauptsächlich um CL 112 (EFRAG) und weitere vier Kommentarbriefe, die auf CL 112 verweisen und somit dieselbe Antwortstruktur aufweisen.[422] CL 112 lehnt ebenso wie die vorige Gruppe die Eliminierung der Quotenkonsolidierung ab, unterstellt jedoch, dass dies so erfolgt, um im Anschluss die Frage 4 zu beantworten. In diesem Zusammenhang wird den

419 Vgl. CL 80, S. 3.

420 Vgl. CL 29, S. 4; CL 34, S. 4; CL 56, S. 4; CL 72, S. 4; CL 94, S. 4. CL 29 unterbreitet u. a. den Vorschlag, dass IAS 28.38 (h) und (i) auch in den ED 9 aufgenommen werden sollten. CL 34 entspricht dem Wortlaut nach CL 29. CL 94 ist eine Ratingagentur und befürwortet u. a. die einzelne Auflistung bzgl. jedes bedeutsamen JV.

421 Vgl. CL 62, S. 6; CL 68, S. 7; CL 106, S. 6; CL 110, S. 3.

422 Vgl. CL 55, 64, 77 und 105.

Angaben zugestimmt, und es werden darüber hinaus Informationen gefordert.[423] CL 15 argumentiert ähnlich, nimmt jedoch bzgl. Frage 4 keine klare Position ein. Die Abschaffung der Quotenkonsolidierung wird abgelehnt; sollte sie jedoch tatsächlich eliminiert werden, wird vermerkt, dass mehr Angaben erforderlich sind, um diesen Informationsverlust zu kompensieren.[424] Die letzten beiden Gruppen (insgesamt neun CL) könnten demnach auch entweder in teilweise Zustimmung oder auch Ablehnung eingeordnet werden, wenn die Ablehnung an die Frage 3 geknüpft werden würde. Quantitativ erfolgt die Einordnung jedoch explizit nach der Äußerung der Verfasser. Aus diesem Grund werden die Zahlen nachfolgend auf diese Weise interpretiert.

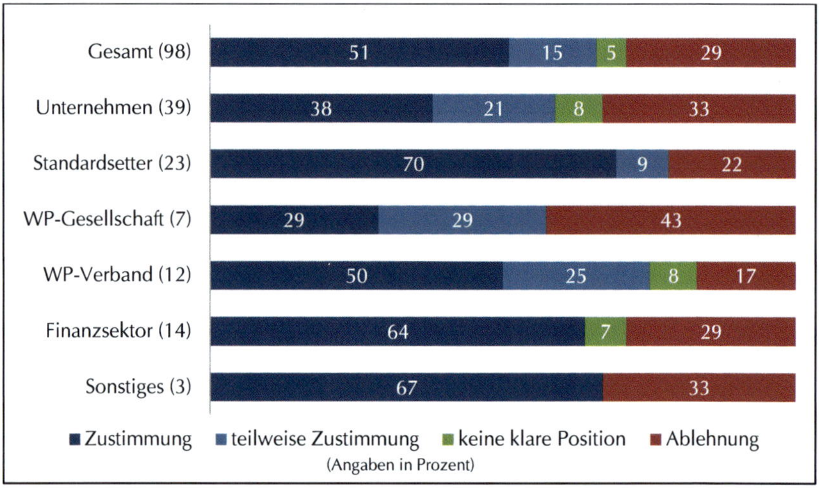

Abbildung A-3: Frage 4 – relative Antwortstruktur der Interessengruppen

Die Betrachtung der Interessengruppen zeigt auf, dass der Finanzsektor und die Standardsetter zu den mehrheitlich zustimmenden Gruppen gehören. Auch ist die Höhe der Ablehnungsquote bei den WP-Verbänden gering. Die WP-Verbände ähneln mehr den Standardsettern, wie in Kapitel 4.2 erläutert. Auch hier ist offensichtlich, dass die Meinung verstärkt miteinander teilen. Im Finanzsektor liegt die Erläuterung in der Geschäftstätigkeit. Kreditinstitute in der Rolle als Kreditgeber, Ratingagenturen oder auch Analysten wünschen sich ein hohes

423 Beispielhafte Darstellungen sind in dem CL abgebildet, vgl. CL 112, S. 13 f. und für die Beispiele S. 17-21.

424 Vgl. CL 15, S. 6.

Maß an Angaben im Geschäftsbericht ihres Kunden, da sie diesen als Hauptinformationsquelle nutzen. Im Gegensatz zu dieser Beobachtung wird deutlich, dass Unternehmen und WP-Gesellschaften, die vermehrt die praktische Anwendung der Regeln betrachten, sich zu Frage 4 ablehnend äußern. Die WP-Gesellschaften sind generell ablehnend eingestellt (CL 39, 61, 113).

Anlage 10: Auswertung Frage 5

Frage 5 beinhaltet den Aspekt zur Wiederaufnahme der Aufzählungs- und Beschreibungspflicht der signifikanten Tochterunternehmen und assoziierten Unternehmen. Die Antwortquote liegt bei etwa 88 Prozent, da 97 von 110 CL eine Antwort auf diese Frage aufweisen. In der Kategorie *keine klare Position* findet sich kein CL-Verfasser wieder (siehe Tabelle A-15). Die Auswertung der 97 CL zeigt die folgende absolute bzw. relative Verteilung.

	Zustimmung	teilweise Zustimmung	keine klare Position	Ablehnung	Gesamt
Sonstiges (3)	3	-	-	-	**3**
Finanzsektor (14)	10	-	-	4	**14**
WP-Verband (12)	11	-	-	1	**12**
WP-Gesellschaft (7)	4	-	-	3	**7**
Standardsetter (22)	17	1	-	4	**22**
Unternehmen (39)	30	4	-	5	**39**
Gesamt (97)	**75**	**5**	**0**	**17**	**97**

Tabelle A-15: Absolute Auswertung Frage 5

	Zustimmung	teilweise Zustimmung	keine klare Position	Ablehnung	Kontrolle
Sonstiges (3)	100%	-	-	-	**100%**
Finanzsektor (14)	71%	-	-	29%	**100%**
WP-Verband (12)	92%	-	-	8%	**100%**
WP-Gesellschaft (7)	57%	-	-	43%	**100%**
Standardsetter (22)	77%	5%	-	18%	**100%**
Unternehmen (39)	77%	10%	-	13%	**100%**
Gesamt (97)	**77%**	**5%**	**0%**	**18%**	**100%**

Tabelle A-16: Relative Auswertung Frage 5

Die Zustimmung in der Summe ist bei dieser Frage am höchsten (77 Prozent). Die positive Resonanz wird darauf zurückgeführt, dass ähnliche Angabepflichten bereits zuvor existierten. CL 27 und 30 geben an, dass diese im Zuge des *improvement project* im Jahr 2003 abgeschafft wurden.[425] CL 27 und CL 42 äußern, dass viele IFRS-Anwender weiterhin freiwillig die Angaben tätigen.[426] Weitere zustimmende CL unterstreichen diese Aussage, indem sie äußern, dass diese Angaben bereits gemacht werden.[427] CL 30 führt zudem auf, dass Analysten diese Angaben oft als sehr nützlich einschätzen.[428] CL 94 (Ratingagentur) äußert, dass solche Informationen gerade für Investoren sehr hilfreich sind.[429]

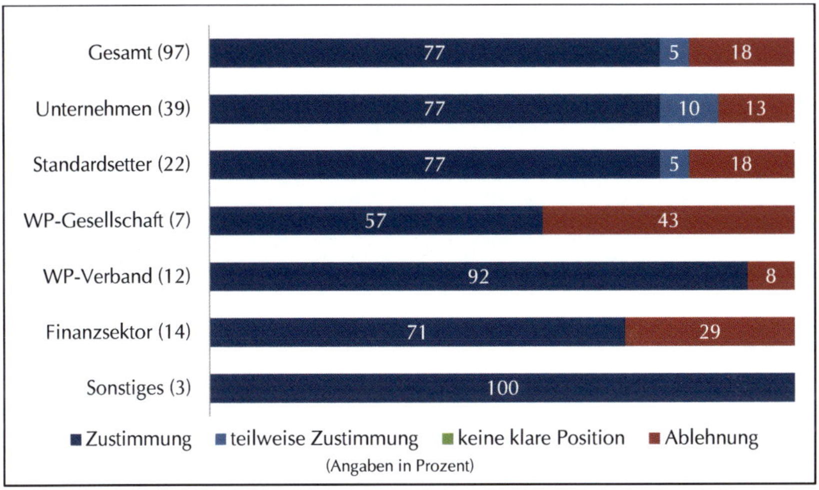

Abbildung A-4: Frage 5 – relative Antwortstruktur der Interessengruppen

Die Betrachtung der Interessengruppen führt zu einem nahezu homogenen Bild. Lediglich der Finanzsektor und die WP-Gesellschaften zeigen einen höheren Ablehnungsgrad als die anderen Gruppen. Bei den WP-Gesellschaften ist die Quote auf die generelle Ablehnung zurückzuführen. Die CL 39, 61 und 113 stellen die in Abbildung A-4 ersichtlichen 43 Prozent dar und lehnen den ED 9

425 Vgl. CL 27, S. 5; CL 30, S. 5.

426 Vgl. CL 27, S. 5; CL 42, S. 3.

427 Vgl. CL 26, S. 6; CL 30, S. 5; CL 54, S. 4.

428 Vgl. CL 30, S. 5.

429 Vgl. CL 94, S. 4.

vollständig ab. Im Finanzsektor sind es vier Stimmen, die eine Quote von 29 Prozent ausmachen. Darunter befinden sich zwei generelle Ablehnungen (CL 63 und 93). CL 25 bspw. stimmt den Fragen 1 und 2 zu, die Fragen 4 bis 6 werden jedoch ablehnend beantwortet. Der Aufwand für die Generierung der notwendigen Daten überwiegt laut CL 25 den Nutzen, den die Angaben für den Adressaten des Abschlusses mit sich bringen würden.[430] CL 66 knüpft die Ablehnung an die Bilanzierungsform. Der Verfasser ist dagegen, die Bilanzierung von assoziierten Unternehmen und JV anzugleichen, sodass er auch denselben Angaben nicht zustimmt.[431]

---

430 Vgl. CL 25, S. 2.

431 Vgl. CL 66, S. 3.

Anlage 11: Auswertung Frage 6

Frage 6 untersucht, ob Angaben zur Aufteilung in langfristige und kurzfristige Vermögenswerte bzw. Verbindlichkeiten analog zu *joint arrangements* auch für assoziierte Unternehmen eine bessere Darstellung für die Adressaten des Abschlusses bieten.

	Zustimmung	teilweise Zustimmung	keine klare Position	Ablehnung	Gesamt
Sonstiges (3)	2	-	-	1	**3**
Finanzsektor (14)	7	1	-	6	**14**
WP-Verband (12)	9	1	1	1	**12**
WP-Gesellschaft (7)	3	-	-	4	**7**
Standardsetter (22)	15	1	-	6	**22**
Unternehmen (40)	24	3	-	13	**40**
Gesamt (98)	**60**	**6**	**1**	**31**	**98**

Tabelle A-17: Absolute Auswertung Frage 6

	Zustimmung	teilweise Zustimmung	keine klare Position	Ablehnung	Kontrolle
Sonstiges (3)	67%	-	-	33%	**100%**
Finanzsektor (14)	50%	7%	-	43%	**100%**
WP-Verband (12)	75%	8%	8%	8%	**100%**
WP-Gesellschaft (7)	43%	-	-	57%	**100%**
Standardsetter (22)	68%	5%	-	27%	**100%**
Unternehmen (40)	60%	8%	-	33%	**100%**
Gesamt (98)	**61%**	**6%**	**1%**	**32%**	**100%**

Tabelle A-18: Relative Auswertung Frage 6

Frage 6 berührt die Thematik dieser Ausarbeitung lediglich am Rande, sodass eine detaillierte Interpretation nicht erfolgt. *Ein* Aspekt ist relevant, da hier assoziierte Unternehmen und JV vergleichend betrachtet werden. CL 54 geht darauf ein, dass bei assoziierten Unternehmen die Angaben nicht als nützlich erachtet werden. Der CL-Verfasser argumentiert damit, dass ein Investor bei einem assoziierten Unternehmen keine Entscheidungen bzgl. der Verteilung von Vermögenswerten und Schulden blockieren kann. Im Gegenzug werden Angaben bzgl. *joint ventures* nicht abgelehnt, wenn diese mit der Equity-Methode bewertet werden.[432]

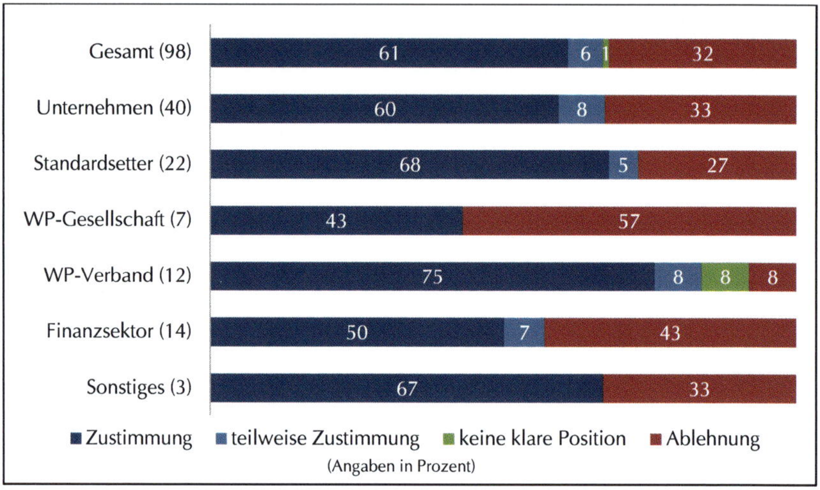

Abbildung A-5: Frage 6 – relative Antwortstruktur der Interessengruppen

432 Vgl. CL 54, S. 4.

Anlage 12: Ergebnisse comment letters (EFRAG)

a) Darstellung der Grundgesamtheit

EFRAG forderte im Rahmen der Erstellung einer endgültigen Empfehlung zur Übernahme der neuen Standards (Konsolidierungspaket) zum Kommentieren auf. Hierzu wurden die *EFRAGs Initial Assessments* zu den neuen IFRS 10, IFRS 11, IFRS 12 sowie den in 2011 überarbeiteten IAS 27 und IAS 28 veröffentlicht. Der Fragebogen enthält neben den Angaben zur Person bzw. zum Unternehmen sechs Bereiche. Die ersten fünf behandeln nach demselben Schema die oben genannten Standards. Die Bereiche bestehen aus sechs Fragen, die vom Wortlaut und den Verweisen her lediglich auf die Standards angepasst werden, dem Inhalt nach jedoch denselben Aspekt in Bezug auf einen bestimmten Standard erfragen. Der letzte Abschnitt befasst sich mit dem Umsetzungszeitpunkt der Standards. EFRAG schlägt hier den 1. Januar 2014 – mit der Möglichkeit einer früheren Anwendung – vor und erfragt diesbezüglich die Meinung der Kommentierenden.[433]

Insgesamt sind 24 E-CL[434] eingegangen.[435] Die Nummerierung reicht bis E-CL 25, da E-CL 15 nicht existiert. Sie wird in dieser Ausarbeitung analog zur Vorgehensweise in Kapitel 4.3 beibehalten. Von diesen E-CL-Verfassern verwenden elf (etwa 46 Prozent) nicht den vorgeschlagenen Fragebogen. Es gibt jedoch E-CL, aus deren Einleitungsschreiben die Antworten auf die Fragen abgeleitet werden können.[436] Die Fragen seitens EFRAG sind geschlossen, sodass die Verfasser diese entweder mit *Ja*/*Nein* beantworten oder sich enthalten können. Ähnlich wie das IASB fordert EFRAG eine Begründung, wenn dem vorgeschlagenen Sachverhalt nicht zugestimmt wird. Die nachfolgende Tabelle (*Tabelle A-19: Auswertungstabelle E-CL*) zeigt eine Zusammenfassung der relevanten Ergebnisse. Im Anschluss erfolgt eine Inhaltsanalyse.

---

433 Die *Initial Assessments* und der Fragebogen sind über EFRAG (URL5) abrufbar. Die Belege für die URL befinden sich auf der beigelegten CD, wie auch die Dateien des EFRAG.

434 Zur Vermeidung von Verwechslungen mit den CL, die beim IASB eingereicht wurden, wird die Abkürzung hier um ein vorangehendes E (für EFRAG) erweitert. In dieser Anlage wird stets von E-CL gesprochen, die beim EFRAG eingegangen sind.

435 Die E-CL sind unter EFRAG (URL5) zu finden (Dokumentation erfolgt zudem auf beigelegter CD). Die E-CL-Verfasser werden gemäß EFRAG (URL5) benannt.

436 E-CL 1, 2, 5, 19, 20, 23 äußern in ihrem Schreiben eine generelle Zustimmung zur Übernahme der Standards, sodass die Abschnitte 1 bis 26 bejaht werden. Regelmäßig wird Abschnitt 27 (Verschiebung des verpflichtenden Anwendungszeitpunkts) separat kommentiert. Eine detailliertere Darstellung erfolgt in b) Inhaltsanalyse.

E-CL	Vor-handen	Nutzung des Fragebogens	E-CL-Verfasser	Abschnitt 7	Abschnitt 8	Abschnitt 9	Abschnitt 10	Abschnitt 11	Abschnitt 27
E-CL 1	Ja	Nein	BP p.l.c.	Ja	Ja	Ja	Ja	Ja	Ja
E-CL 2	Ja	Nein	ICAC	Ja	Ja	Ja	Ja	Ja	Ja
E-CL 3	Ja	Ja	Belgian Accounting Standards Board	Ja	Ja	Ja	Ja	Ja	Nein
E-CL 4	Ja	Ja	ANC	Nein	Ja	Nein	Nein	-	Ja
E-CL 5	Ja	Nein	HSBC	Ja	Ja	Ja	Ja	Ja	Nein
E-CL 6	Ja	Ja	Infineon Technologies AG	Ja	Ja	Ja	Ja	Ja	Ja
E-CL 7	Ja	Ja	Bayer AG	Ja	Ja	Ja	Ja	Ja	Ja
E-CL 8	Ja	Ja	SAP AG	Ja	Ja	Ja	Ja	Ja	Ja
E-CL 9	Ja	Ja	Swedish' Bankers Association	-	-	-	-	-	-
E-CL 10	Ja	Nein	AFRAC (Gerhard Prachner & Alfred Wagenhofer)	-	-	-	-	-	Nein
E-CL 11	Ja	Nein	CFO Forum	-	-	-	-	-	Ja
E-CL 12	Ja	Ja	Deutsche Bank AG	Ja	Ja	Ja	Ja	Nein	Nein
E-CL 13	Ja	Ja	Deutsche Post AG	Ja	Ja	Ja	Ja	Ja	Ja
E-CL 14	Ja	Ja	Insurance Sweden	-	-	-	-	-	-
E-CL 15	Nein	E-CL 15 wird auf der Seite des EFRAG nicht aufgeführt.							
E-CL 16	Ja	Nein	KPMG	-	-	-	-	-	Nein
E-CL 17	Ja	Nein	Ernst & Young	-	-	-	-	-	Ja
E-CL 18	Ja	Nein	OIC (The Italian Standard Setter)	-	-	-	-	-	-
E-CL 19	Ja	Nein	Barclays	Ja	Ja	Ja	Ja	Ja	Nein
E-CL 20	Ja	Nein	Federation of European Accountants	Ja	Ja	Ja	Ja	Ja	Ja
E-CL 21	Ja	Ja	Impregilo S.p.A.	Nein	Ja	Ja	Ja	Ja	-
E-CL 22	Ja	Ja	UK Accounting Standards Board (ASB)	Ja	Ja	Ja	Ja	Ja	Nein
E-CL 23	Ja	Nein	ICAEW	Ja	Ja	Ja	Ja	Ja	Nein
E-CL 24	Ja	Ja	Accounting Standards Committee of Germany (DRSC)	Ja	-	-	-	Ja	Ja
E-CL 25	Ja	Ja	CNC (National Standard Setter Portugal)	Ja	Ja	Ja	Ja	Ja	Ja

b) Inhaltsanalyse

Anhand der Abschnitte 7-11 des Fragenbogens wird dieser erläutert. Diese Abschnitte beziehen sich auf den IFRS 11 und werden somit herangezogen. Nach der jeweiligen Erläuterung folgt die Untersuchung der E-CL auf Basis der Ergebnisse in Tabelle A-19.

Abschnitt 7 behandelt die Stellungnahme, ob der Standard die Kriterien für die Übernahme in der EU erfüllt (Endorsement-Verfahren).[437] Es gibt 17 relevante Antworten.[438] Bis auf die E-CL-Verfasser 4 und 21 stimmen alle zu.[439] E-CL 4 beruft sich auf den Artikel 3 Abs. 2 der IAS-Verordnung und beschreibt, dass der Standard gegen die darin geforderte Erheblichkeit (*Relevance*) und gegen die Vergleichbarkeit (*Comparability*) verstößt. Das Kriterium Erheblichkeit wird nicht erfüllt, da die Quotenkonsolidierung abgeschafft wird. Die Geschäftsmodelle der Unternehmen werden dementsprechend nicht mehr wahrheitsgemäß abgebildet.[440] Die Vergleichbarkeit leidet darunter, dass bei der Einstufung zwischen einer *joint operation* und einem *joint venture* große Ermessensspielräume bestehen.[441] E-CL 21 stimmt im Allgemeinen IFRS 11 zu, äußert jedoch Bedenken bzgl. der Regelungen des Einzelabschlusses[442], die hier nicht näher betrachtet werden.

Abschnitt 8 kommentiert die zu erwartenden Kosten in Verbindung mit der Implementierung des IFRS 11. Grundsätzlich kommt EFRAG zu dem Ergebnis, dass die Kosten für die IFRS-Anwender zum größten Teil einmalig und unerheblich sein werden. Auch für die Adressaten der Abschlüsse werden keine signifikanten Kosten erwartet.[443] Die Antworten der 16 relevanten E-CL-Verfasser sind alle zustimmend.

Im nächsten Abschnitt 9 wird der Nutzen des Standards betrachtet. Für den Abschlussadressaten wird ein bedeutender Nutzen erwartet, und auch teilweise für den IFRS-Anwender.[444] Dieselben 16 E-CL-Verfasser wie auch in Abschnitt 8 beantworten diese Frage. Mit Ausnahme von E-CL 4 stimmen alle Kommentierenden dem Ergebnis von EFRAG zu. Jener ist der Meinung, dass IFRS 11 ledig-

---

437 Vgl. EFRAG Fragebogen, S. 6 (Anlage 13) und Artikel 3 Abs. 2 der Verordnung (EG) Nr. 1606/2002 des Europäischen Parlaments und des Rates (entspricht IAS-Verordnung).

438 Keine Antworten oder explizite Enthaltungen werden nicht betrachtet.

439 Mit 15 Zustimmungen sind somit 88 Prozent für die Übernahme des Standards. Die zwei Gegner bilden die restlichen 12 Prozent.

440 Vgl. E-CL 4, S. 9.

441 Vgl. E-CL 4, S. 10.

442 Vgl. E-CL 21, S. 4 f.

443 Vgl. EFRAG Fragebogen, S. 6 (Anlage 13).

444 Vgl. EFRAG Fragebogen, S. 7 (Anlage 13).

lich einen sehr eingeschränkten Nutzen mit sich bringt.[445] Eine nähere Erläuterung erfolgt nicht.

Abschnitt 10 verknüpft die vorangehenden zwei Analysen und besagt, dass der Nutzen aus der Implementierung die Kosten übersteigen wird.[446] Das Ergebnis entspricht dem vorangehenden Absatz, sodass sich alle 16 Verfasser – bis auf E-CL 4 – zustimmend äußern.[447]

Der letzte Punkt, der sich direkt auf den IFRS 11 bezieht, ist der Abschnitt 11. Gemäß diesem äußert EFRAG, dass keine weiteren Faktoren bekannt sind, die vor der Abgabe einer Empfehlung gegenüber der Europäischen Kommission in Betracht gezogen werden müssen.[448] E-CL 4 äußert sich in diesem Zusammenhang nicht, jedoch kommt E-CL 24 hinzu, sodass hier ebenso 16 E-CL relevant sind. Alle stimmen diesem Aspekt zu, bis auf E-CL 12. Dieser äußert in diesem Bereich Bedenken, die sich auf den Anwendungszeitpunkt beziehen.[449] Auf diesen Aspekt wird nachfolgend in Verbindung mit Abschnitt 27 genauer eingegangen.

Der letzte Abschnitt des Fragebogens weist die höchste Summe an Antworten auf. 20 von 24 Kommentierenden äußern sich in diesem Bereich.[450] Auch wenn keine Verwendung des vorgegebenen Fragebogens erfolgt, gehen die Kommentierenden näher auf den geplanten Anwendungszeitpunkt des IFRS 11 in ihrem Schreiben ein. EFRAG will in Abschnitt 27 wissen, ob die E-CL-Verfasser dem vorgeschlagenen verpflichtenden Zeitpunkt ab dem 1. Januar 2014 (mit einer freiwilligen früheren Anwendungsmöglichkeit) zustimmen.[451] 40 Prozent (acht E-CL) sprechen sich gegen die Verschiebung aus und sind für die Beibehaltung des Zeitpunktes, der vom IASB auf den 1. Januar 2013 festgesetzt wurde. E-CL 22 räumt jedoch eine einzelfallbezogene Zustimmung ein, da Verständnis dafür gezeigt wird, dass möglicherweise Schwierigkeiten bei der Implementierung herrschen könnten.[452]

Die Gründe, die gegen die Verschiebung sprechen, beruhen hauptsächlich auf der Tatsache, dass ausländische Emittenten (*Foreign Private Issuers*, FPIs[453]) in den USA regelmäßig den vom IASB emittierten Standards folgen müssen. An-

---

445 Vgl. E-CL 4, S. 11.

446 Vgl. EFRAG Fragebogen, S. 7 (Anlage 13).

447 Vgl. E-CL 4, S. 11.

448 Vgl. EFRAG Fragebogen, S. 7 (Anlage 13).

449 Vgl. E-CL 12, S. 8 und 11.

450 Entspricht etwa 83 Prozent.

451 Vgl. EFRAG Fragebogen, S. 16 (Anlage 13).

452 Vgl. E-CL 22, S. 14.

453 Vgl. bspw. E-CL 5, S. 2.

sonsten ist eine Überleitung auf US GAAP notwendig, jedoch weisen die meisten europäischen FPIs keine Prozesse mehr auf, mit denen diese Überleitung durchgeführt werden kann.[454] Diese E-CL-Verfasser vertreten die Meinung, dass ein Auseinanderfallen der Anwendungszeitpunkte zu Mehraufwand führt, da zum einen ab 2013 die *IASB-IFRS* und ab 2014 die übernommenen *EU-IFRS* anzuwenden wären. Im Gegenzug stimmen E-CL 11 und 17 einem Aufschub zu, obwohl auch sie dieses Problem aufführen, solange eine frühere Anwendung erlaubt wird.[455] Dadurch wird dieses Gegenargument entkräftet. E-CL 20 geht explizit auf diesen Aspekt ein, indem der Verschiebung zugestimmt und erwähnt wird, dass betroffene Unternehmen die Standards freiwillig ab 2013 anwenden können.[456] Ein Problem entsteht für diese Gruppe der IFRS-Anwender dennoch, wenn das Endorsement nicht rechtzeitig erfolgt. Aus diesem Grund fordert E-CL 12 auch Informationen zum Status des Endorsement-Verfahrens.[457] Die Einleitung dieser Arbeit zeigt auf, dass FPIs keine zeitlichen Schwierigkeiten haben sollten, da eine frühere Anwendung des Konsolidierungspaketes von der Europäischen Kommission gestattet wird.

---

[454] Vgl. E-CL 5, S. 2; E-CL 12, S. 1; E-CL 19, S. 1. Die Börsenaufsicht in den USA verzichtet zwischenzeitlich auf eine Überleitung der Kennzahlen nach US GAAP und entlastet somit europäische Unternehmen, die an US-amerikanischen Börsen gelistet sind, vgl. Gros/Unrein (2010), S. 461.

[455] Vgl. E-CL 11, S. 1; E-CL 17, S. 2.

[456] Vgl. E-CL 20, S. 1.

[457] Vgl. E-CL 12, S. 8.

Nachfolgende Anlagen befinden sich ausschließlich auf der beigelegten CD.

Anlage 13: EFRAG Fragebogen [über EFRAG (URL5)]

Anlage 14: HVB-Kundenbonitätsanalyse Produktion

Anlage 15: HVB-Kundenbonitätsanalyse Handel

Anlage 16: HVB-Kundenbonitätsanalyse Bau

Anlage 17: HVB-Kundenbonitätsanalyse Dienstleistung

Anlage 18: Ergebnisse Produktion

Anlage 19: Ergebnisse Handel

Anlage 20: Ergebnisse Bau

Anlage 21: Ergebnisse Dienstleistung

Anlage 22: Aufbereitung für die Eingabe im Ratingsystem der HVB

Literaturverzeichnis

ANDERS, GEORG (2011): Regelungslücken in der IFRS-Konzernrechnungslegung – Strittige Fragen der Konsolidierung, in: PiR – Praxis der internationalen Rechnungslegung 2/2011, S. 39-42.

BADER, AXEL; PREUSCHE, JESSICA (2011): Bilanzielle Abbildung von Joint Arrangements im Konzernabschluss, in: PiR – Praxis der internationalen Rechnungslegung 9/2011, S. 250-254.

BAETGE, JÖRG; KIRSCH, HANS-JÜRGEN und THIELE, STEFAN (2011): Konzernbilanzen, 9. Auflage, Düsseldorf.

BANK FÜR INTERNATIONALEN ZAHLUNGSAUSGLEICH (2006): Internationale Konvergenz der Eigenkapitalmessung und Eigenkapitalanforderungen (Überarbeitete Rahmenvereinbarung – umfassende Version), Schweiz (*auf beigelegter CD dokumentiert*[458]).

BASF SE (2012): BASF-Gruppe Geschäftsbericht 2011 (*auf beigelegter CD dokumentiert*).

BECKER, HANS PAUL und PEPPMEIER, ARNO (2008): Bankbetriebslehre, 7. Auflage, Ludwigshafen.

BLECHER, CHRISTIAN; RECKE, THORBEN und WIELENBERG, STEFAN (2009): Das Diskussionspapier zu IAS 19 – Eine systematische Auswertung der eingegangenen Kommentare, in: KoR – Zeitschrift für internationale und kapitalmarktorientierte Rechnungslegung 10/2009, S. 565-575.

BÖCKEM, HANNE und ISMAR, MICHAEL (2011): Die Bilanzierung von Joint Arrangements nach IFRS 11, in: Die Wirtschaftsprüfung 17/2011, S. 820-828.

BRITZELMAIER, BERND (2009): Wertorientierte Unternehmensführung, Ludwigshafen.

BUCHHEIM, REGINE; KNORR, LIESEL und SCHMIDT, MARTIN (2008a): Anwendung der IFRS in Europa: Das neue Endorsement-Verfahren, in: KoR – Zeitschrift für internationale und kapitalmarktorientierte Rechnungslegung 5/2008, S. 373-379.

---

458 Gesetzestexte (inkl. Begleitmaterial), Verordnungen und Geschäftsberichte sind im Literaturverzeichnis mit dem Zusatz *(auf beigelegter CD dokumentiert)* versehen. Die Dokumentation dieser Dateien erfolgt im Ordner „Zusätzlich digitale Quellen" auf der beigelegten CD.

BUCHHEIM, REGINE; KNORR, LIESEL und SCHMIDT, MARTIN (2008b): Anwendung der IFRS in Europa: Die Auswirkungen des neuen Endorsement-Verfahrens auf die Rechnungslegung, in: KoR – Zeitschrift für internationale und kapitalmarktorientierte Rechnungslegung 6/2008, S. 334-341.

BUSSE VON COLBE, WALTHER ET AL. (2010): Konzernabschlüsse – Rechnungslegung nach betriebswirtschaftlichen Grundsätzen sowie nach Vorschriften des HGB und der IAS/IFRS, 9. Auflage, Wiesbaden.

DELOITTE & TOUCHE (URL1): Norwegen http://www.iasplus.com/de/jurisdictions/europe/country33 (Zugriff am 01.02.2013[459]).

DELOITTE & TOUCHE (URL2): Schweiz http://www.iasplus.com/de/jurisdictions/europe/schweiz

DELOITTE & TOUCHE (URL3): Kanada http://www.iasplus.com/de/jurisdictions/americas/country96

DELOITTE & TOUCHE (URL4): Mexiko http://www.iasplus.com/de/jurisdictions/americas/mexiko

DELOITTE & TOUCHE (URL5): Jamaika http://www.iasplus.com/de/jurisdictions/americas/country95

DELOITTE & TOUCHE (URL6): Südafrika http://www.iasplus.com/de/jurisdictions/africa/country76

DELOITTE & TOUCHE (URL7): Australien http://www.iasplus.com/de/jurisdictions/oceania/country1

DELOITTE & TOUCHE (URL8): Neuseeland http://www.iasplus.com/de/jurisdictions/oceania/country16

DITTMAR, PETER und GRAUPE, FABIAN (2012): Analyse der Neuregelungen nach IFRS 11 für den deutschen Rechtsraum unter besonderer Berücksichtigung der Übergangsvorschriften, in: KoR – Zeitschrift für internationale und kapitalmarktorientierte Rechnungslegung 9/2012, S. 404-410.

EFRAG (URL1): The EU endorsement status report – Position as at 9 November 2012 http://www.efrag.org/WebSites/UploadFolder/1/CMS/Files/Endorsement%20status%20report/EFRAG_Endorsement_Status_Report_9_November_2012.pdf

---

[459] Auf der beigelegten CD (Ordner: Belege URL-Quellen) befinden sich alle Nachweise für die Online-Quellen (Quellen, die mit URL gekennzeichnet sind). Der letzte Zugriff erfolgte bei allen nachfolgenden URL analog am 01.02.2013. Auf wiederholte Vermerke wird aus diesem Grund verzichtet.

EFRAG (URL2): The EU endorsement process – Position as at 30 December 2012 http://www.efrag.org/WebSites/UploadFolder/1/CMS/Files/Endorsement%20status%20report/EFRAG_Endorsement_Status_Report_30_December_2012.pdf

EFRAG (URL3): Deferral of the effective dates of IFRS 10, IFRS 11 and IFRS 12 http://www.efrag.org/files/News%20related%20documents/EFRAG_letter_to_IASB_on_IFRS_10_IFRS_11_IFRS_12_IAS_27_and_IAS_28_effective_dates.pdf

EFRAG (URL4): Final Endorsement Advice http://www.efrag.org/files/EFRAG%20public%20letters/Consolidation/Final_Endorsement_Advice/Final_Endorsement_Advice_-_IFRS_10_IFRS_11_IFRS_12_IAS_27_and_IAS_28.pdf

EFRAG (URL5): Consolidation, Joint Arrangements and related standards http://www.efrag.org/Front/p244-5-272/Consolidation--Joint-Arrangements-and-related-standards.aspx

ERCHINGER, HOLGER und MELCHER, WINFRIED (2008): Stand der Konvergenz zwischen IFRS und US-GAAP: Die Bilanzierung von Joint Ventures, in: KoR – Zeitschrift für internationale und kapitalmarktorientierte Rechnungslegung 3/2008, S. 164-178.

ERNST & YOUNG (2011): Challenges in adopting and applying IFRS 11, September 2011.

EUROPÄISCHE KOMMISSION (URL): IFRS endorsement process in the EU http://ec.europa.eu/internal_market/accounting/docs/ias/endorsement_process.pdf

FÖRCH HOLDING GMBH (2011): Konzernabschluss 2010, abgerufen über URL: www.ebundesanzeiger.de (Zugriff am 01.02.2013).

FREIBERG, JENS (2007): Nichtkonsolidierung von assoziierten Unternehmen mangels Informationen? in: PiR – Praxis der internationalen Rechnungslegung 9/2007, S. 260-262.

FREIBERG, JENS (2010): Aktuelle Anwendungsfragen der equity-Bewertung – Keine notwendige Korrespondenz von Beteiligungsansatz und anteiligem Eigenkapital? in: PiR – Praxis der internationalen Rechnungslegung 9/2010, S. 253-259.

FREIBERG, JENS (2011): Ausstrahlung der (Voll-)Konsolidierungsmethoden auf assoziierte Unternehmen und *joint arrangements*, in: PiR – Praxis der internationalen Rechnungslegung 6/2011, S. 175-177.

FUCHS, MARKUS und STIBI, BERND (2011): IFRS 11 "Joint Arrangements" – lange erwartet und doch noch mit (kleinen) Überraschungen? in: Betriebs-Berater 23/2011, S. 1451-1455.

GROS, MARIUS und UNREIN, DANIEL (2010): Zum Stand der Konvergenz von IFRS und US-GAAP – Eine Analyse der aktuellen Ergebnisse, in: KoR – Zeitschrift für internationale und kapitalmarktorientierte Rechnungslegung 9/2010, S. 461-469.

GRUNOW, HANS-WERNER G. und FIGGENER, STEFANUS (2006): Handbuch moderne Unternehmensfinanzierung: Strategien zur Kapitalbeschaffung und Bilanzoptimierung, Berlin/Heidelberg.

HANE, TIMM; KREIPL, MARKUS und MÜLLER, STEFAN (2011): Empirische Analyse – Charakteristika mittelständischer IFRS-Anwender, in: PiR – Praxis der internationalen Rechnungslegung 5/2011, S. 121-124.

HOLZAPFEL, GEORG und MUJKANOVIC, ROBIN (2012): Erläuterung anhand von IFRS 11 und des ARGE-Mustervertrag – Die Bau-ARGE als joint arrangement, in: PiR – Praxis der internationalen Rechnungslegung 11/2012, S. 337-345.

HVB GROUP (2012): Zwischenbericht per 30.09.2012 (*auf beigelegter CD dokumentiert*).

IASB (2007a): Exposure Draft – ED 9 Joint Arrangements (*auf beigelegter CD dokumentiert*).

IASB (2007b): Basis for Conclusions ED 9 (*auf beigelegter CD dokumentiert*).

IASB (2007c): Illustrative Examples ED 9 (*auf beigelegter CD dokumentiert*).

IASB (2008a): Agenda Paper 10A: Staff analysis of comment letters: Summarised overview (*auf beigelegter CD dokumentiert*).

IASB (2008b): Agenda Paper 10B: Staff analysis of comment letters (*auf beigelegter CD dokumentiert*).

IASB (2011a): IFRS 11 Joint Arrangements (*auf beigelegter CD dokumentiert*).

IASB (2011b): Basis for Conclusions on IFRS 11 Joint Arrangements (*auf beigelegter CD dokumentiert*).

IASB (2011c): IFRS 11 Joint Arrangements – Illustrative Examples (*auf beigelegter CD dokumentiert*).

IASB (2011d): IFRS 11 Joint Arrangements – Project Summary and Feedback Statement (*auf beigelegter CD dokumentiert*).

IASB (2012a): IFRS staff paper – Agenda Paper 8 (*auf beigelegter CD dokumentiert*).

IASB (2012b): Exposure Draft ED/2012/7 – Acquisition of an Interest in a Joint Operation; Proposed amendment to IFRS 11 (*auf beigelegter CD dokumentiert*).

IASB (URL1): Press Release - IASB completes improvements to accounting requirements for off balance sheet activities and joint arrangements http://www.ifrs.org/News/Press-Releases/Documents/PRimprovements tooffbalancesheetandJVMay2011.pdf

IASB (URL2): Joint Ventures http://www.ifrs.org/Current-Projects/IASB-Projects/Joint-Ventures/Pages/Joint-Ventures.aspx

IASB (URL3): Acquisition of an Interest in a Joint Operation – IFRS IC July 2011 http://www.ifrs.org/Current-Projects/IASB-Projects/Acquisition-Joint-Operation/summaries/Pages/IFRIC-July-2011.aspx

IASB (URL4): Acquisition of an Interest in a Joint Operation http://www.ifrs.org/Current-Projects/IASB-Projects/Acquisition-Joint-Operation/Pages/Acquisition.aspx#

IASB (URL5): Acquisition of an Interest in a Joint Operation (Proposed amendment to IFRS 11) – Exposure Draft and Comment letters http://www.ifrs.org/Current-Projects/IASB-Projects/Acquisition-Joint-Operation/Exposure-Draft-December-2012/Pages/Exposure-Draft-and-Comment-letters.aspx

IASB (URL6): Joint ventures – IASB April 200 http://www.ifrs.org/Current-Projects/IASB-Projects/Joint-Ventures/Summaries/Pages/IASB-April-2008.aspx

IASB (URL7): Comment Letters ED 9 http://www.ifrs.org/Current-Projects/IASB-Projects/Joint-Ventures/ED/Comments/Pages/Comment-Letters.aspx

KHOLMY, KHALED (2011): Die aktuellen Reformen zu IFRS 9 – eine kritische Würdigung der Stellungnahmen zum ED/2009/7, in: KoR – Zeitschrift für internationale und kapitalmarktorientierte Rechnungslegung 2/2011, S. 79-88.

KHOLMY, KHALED und WEIHERICH, NIKO (2012): IFRS 9 Phase III – Eine kritische Würdigung der Stellungnahmen zum hedge accounting, in: KoR – Zeitschrift für internationale und kapitalmarktorientierte Rechnungslegung 5/2012, S. 224-233.

KPMG (2011): First Impressions: Joint arrangements, May 2011.

KUCK, HARALD (URL): Die 100 größten deutschen Kreditinstitute – Statistik http://bankenverband.de/service/statistik-service/banken/strukturdaten-die-100-groesten-deutschen-kreditinstitute/files/diebank0812_top100-tabelle.pdf

KÜTING, KARLHEINZ und SEEL, CHRISTOPH (2011): Die Abgrenzung und Bilanzierung von joint arrangements nach IFRS 11 – Änderungen aus der grundlegenden Überarbeitung des IAS 31 und die Auswirkungen auf die Bilanzierungspraxis, in: KoR – Zeitschrift für internationale und kapitalmarktorientierte Rechnungslegung 7-8/2011, S. 342-350.

KÜTING, KARLHEINZ und SEEL, CHRISTOPH (2012): Die quotale Einbeziehung nach IFRS 11 – Unterschiede zur Quotenkonsolidierung gem. IAS 31 und praktische Anwendungsprobleme, in: Die Wirtschaftsprüfung 11/2012, S. 587-595.

KÜTING, KARLHEINZ und WEBER, CLAUS-PETER (2012): Der Konzernabschluss – Praxis der Konzernrechnungslegung nach HGB und IFRS, 13. Auflage, Stuttgart.

KÜTING, KARLHEINZ und WIRTH, JOHANNES (2012): Umstellung von Gemeinschaftsunternehmen auf die Equity-Methode gemäß IFRS 11 – Grundlagen und buchhalterischer Prozess der Umstellung von der Quotenkonsolidierung, in: KoR – Zeitschrift für internationale und kapitalmarktorientierte Rechnungslegung 3/2012, S. 150-157.

LABRENZ, HELFRIED ET AL. (2008): Joint Ventures im Konzernabschluss deutscher börsennotierter Unternehmen – Studie zur rechtlichen Ausgestaltung und bilanziellen Abbildung von Joint Ventures, in: KoR – Zeitschrift für internationale und kapitalmarktorientierte Rechnungslegung 3/2008, S. 178-187.

LAIER, RAINER (2011): Value Reporting – Analyse von Relevanz und Qualität der wertorientierten Berichterstattung von DAX-30 Unternehmen, Wiesbaden.

LIENAU, ACHIM (2007): Die Bilanzierung nach der Equity-Methode unter Berücksichtigung latenter Steuern nach IFRS, in: KoR – Zeitschrift für internationale und kapitalmarktorientierte Rechnungslegung 1/2007, S. 14-22.

LÜDENBACH, NORBERT (2006): Zwischenergebniseliminierung bei Anwendung der equity-Methode, in: PiR – Praxis der internationalen Rechnungslegung 10/2006, S. 207-209.

LÜDENBACH, NORBERT (2009): Außerplanmäßige Abschreibung und Zuschreibung auf equity-Beteiligungen, in: PiR – Praxis der internationalen Rechnungslegung 1/2009, S. 26-28.

LÜDENBACH, NORBERT und SCHUBERT, DANIEL (2012): Darstellung und kritische Würdigung des neuen Standards Gemeinschaftliche Vereinbarungen (joint arrangements) nach IFRS 11, in: PiR – Praxis der internationalen Rechnungslegung 1/2012, S. 1-7.

LÜDENBACH, NORBERT und SIGLE, HERMANN (2008): Erhalt der Quotenkonsolidierung, in: PiR – Praxis der internationalen Rechnungslegung 1/2008, S. 27-28.

MODIGLIANI, FRANCO und MILLER, MERTON H. (1958): The Cost of Capital, Corporation Finance and the Theory of Investment, in: The American Economic Review, Vol. 48, Nr. 3, S. 261-297.

NÖLTE, UWE; WEINREIS, MARKUS und MEZHOVA, LIUDMILA (2007): Praxis der Bilanzierung von Gemeinschaftsunternehmen nach IAS 31, in: PiR – Praxis der internationalen Rechnungslegung 6/2007, S. 164-167.

OEHLER, ANDREAS und UNSER, MATTHIAS (2002): Finanzwirtschaftliches Risikomanagement, 2. Auflage, Berlin, Heidelberg, New York.

OVERSBERG, THOMAS (2007): Übernahme der IFRS in Europa: Der Endorsement-Prozess – Status quo und Aussicht, in: DER BETRIEB 30/2007, S. 1597-1602.

PELLENS, BERNHARD ET AL. (2011): Internationale Rechnungslegung, 8. Auflage, Stuttgart.

PETERSON, KARL; BANSBACH, FLORIAN und DORNBACH, EIKE (2009): IFRS Praxishandbuch – Ein Leitfaden für die Rechnungslegung mit Fallbeispielen, 4. Auflage, München.

ROLFES, BERND (2008): Gesamtbanksteuerung: Risiken ertragsorientiert steuern, 2. Auflage, Stuttgart.

SCHILLER, BETTINA und TYTKO, DAGMAR (2001): Risikomanagement im Kreditgeschäft: Grundlagen, neuere Entwicklungen und Anwendungsbeispiele, Stuttgart.

SCHMIDT, CARSTEN (2010): Die equity-Methode – Interessentheoretische One-Line-Consolidation oder Bilanzierung eines Vermögenswerts, in: PiR – Praxis der internationalen Rechnungslegung 3/2010, S. 61-66.

SCHMIDT, MATTHIAS und LABRENZ, HELFRIED (2006): Konsequenzen möglicher Änderungen bei der Bilanzierung von Gemeinschaftsunternehmen nach IFRS, in: KoR – Zeitschrift für internationale und kapitalmarktorientierte Rechnungslegung 7-8/2006, S. 467-476.

SCHMIDT, PEER und THIELE, MICHAEL (2010): Die internationale Leasingbilanzierung im Umbruch – Eine kritische Würdigung der Vorschläge des Discussion Papers „Leases" auf Basis einer Auswertung der eingegangenen Comment Letter - in: KoR – Zeitschrift für internationale und kapitalmarktorientierte Rechnungslegung 5/2010, S. 254-263.

THEILE, CARSTEN und PAWELZIK, KAI UDO (2009): Konsolidierung – Unternehmenserwerb und Kapitalkonsolidierung, in: Heuser, Paul J. und Theile, Carsten (Hrsg): IFRS Handbuch – Einzel- und Konzernabschluss, 4. Auflage, Köln.

THEILE, CARSTEN und STAHNKE, MELANIE (2011): 2. Quartal 2011 – Update Internationale Rechnungslegung, in: IWB – Internationale Wirtschafts-Briefe 15/2011, S. 564-567.

UNICREDIT BANK AG (2012): Geschäftsbericht 2011 der UniCredit Bank AG (*auf beigelegter CD dokumentiert*).

VERORDNUNG (EG) NR. 1606/2002 DES EUROPÄISCHEN PARLAMENTS UND DES RATES VOM 19. JULI 2002, abrufbar unter URL: http://eur-lex.europa.eu/LexUriServ/LexUriServ.do?uri=OJ:L:2002:243:0001:000:de:PDF *(zusätzlich auf beigelegter CD dokumentiert).*

VERORDNUNG (EU) NR. 1254/2012 DER KOMMISSION VOM 11. DEZEMBER 2012, abrufbar unter URL: http://eur-lex.europa.eu/LexUriServ/LexUriServ.do?uri=OJ:L:2012:360:0001:0077:DE:PDF *(zusätzlich auf beigelegter CD dokumentiert).*

WIELENBERG, STEFAN; BLECHER, CHRISTIAN und PUCHALA, ANDRZEJ (2007): Die Reform der Bilanzierung von Non Financial Liabilities: Eine systematische Auswertung der Kommentare zum ED IAS 37, in: KoR – Zeitschrift für internationale und kapitalmarktorientierte Rechnungslegung 9/2007, S. 453-459.

ZÜLCH, HENNING ET AL. (2011): IFRS 11 – Die neuen Regelungen zur Bilanzierung von Joint Arrangements und ihre praktischen Implikationen, in: DER BETRIEB 33/2011, S. 1817-1822.

Die Auflistung der CL in *Anlage 3* und der E-CL in *Anlage 12* gelten zugleich als Quellenangaben. Alle CL sowie E-CL sind auf der beigelegten CD dokumentiert. Wahlweise sind sie über folgende URL zu erreichen:

CL: http://www.ifrs.org/Current-Projects/IASB-Projects/Joint-Ventures/ED/Comments/Pages/Comment-Letters.aspx [zugleich IASB (URL7)].

E-CL: http://www.efrag.org/Front/p244-5-272/Consolidation--Joint-Arrangements-and-related-standards.aspx [zugleich EFRAG (URL5)].

Stichwortverzeichnis

A

B

C

E

G

I

J

K

P

Q

R

S

U

V

Schriftenreihe der MEYER STIFTUNG

Herausgegeben von Prof. Dr. Claus Meyer

Band 1: Sybille Molzahn, Die Bilanzierung der betrieblichen Altersversorgung nach HGB und IFRS, 2., überarb. u. erw. Aufl. 2007, ISBN 978-3-89673-432-7

Band 2: Paul Pronobis, Das Umsatzkostenverfahren im internationalen Vergleich. Beschreibung des Aufbaus sowie der einzelnen Posten nach HGB, IFRS und US-GAAP, 2007, ISBN 978-3-89673-425-9

Band 3: Veronika Trauth, Sukzessive Unternehmenserwerbe/-veräußerungen im Konzernabschluss nach IFRS. Darstellung, Würdigung, Beispiele, 2007, ISBN 978-3-89673-433-4

Band 4: Patrick Krauß, Publizität von Abschlussprüferhonoraren bei kapitalmarktorientierten Unternehmen. Zielsetzung und Wirkung der Regelungen im Bilanzrechtsreformgesetz, 2008, ISBN 978-3-89673-446-4

Band 5: Jürgen Halter, Werthaltigkeitsprüfung von zahlungsmittelgenerierenden Einheiten nach IAS 36. Darstellung und konzeptionelle Kritik unter besonderer Berücksichtigung des Nutzungswerts, 2008, ISBN 978-3-89673-468-6

Band 6: Carolin Schwarz, Kaufpreisvereinbarungen im Rahmen von Unternehmensakquisitionen und deren bilanzielle Behandlung nach IFRS, 2008, ISBN 978-3-89673-490-7

Band 7: Friederike Maier, Rückstellungen nach IFRS. Kritische Analyse und aktuelle Entwicklungen unter besonderer Beachtung von Entsorgungs- und Wiederherstellungsverpflichtungen, 2009, ISBN 978-3-89673-515-7

Band 8: Barbara Stütz, Steuerwettbewerb in Europa, 2009, ISBN 978-3-89673-530-0

Band 9: Viktoria Zerr, Ansatzpunkte zur Optimierung des Controllingsystems im kommunalen Immobilienmanagement, 2010, ISBN 978-3-89673-551-5

Band 10: Christian Friedel, Die ertragsteuerliche Behandlung und deren Gestaltungsmöglichkeiten bei der GmbH & atypisch Still, 2., überarb. u. erw. Aufl. 2013, ISBN 978-3-89673-648-2

Band 11: Fatma Ünal, IFRS 11 Joint Arrangements: Darstellung, kritische Würdigung anhand von comment letters & Analyse der Auswirkungen auf die Unternehmensbonität, 2013, ISBN 978-3-89673-660-4

Mäzene

BLANCO

Rotary Club
Pforzheim-Schloßberg

Förderer

MICROTHERM

MIC
Microtherm International Cooperation

Sparkasse
Pforzheim Calw

Die Claus und Brigitte Meyer-Stiftung wird von folgenden Sponsoren unterstützt: